《科学美国人》精选系列 | 科学最前沿 数理与化学篇

霍金和上帝谁更牛

精选自
畅销全球
近170年
《科学美国人》

《环球科学》杂志社
外研社科学出版工作室 编

外语教学与研究出版社
FOREIGN LANGUAGE TEACHING AND RESEARCH PRESS
北京 BEIJING

序 集成再创新的有益尝试

欧阳自远

中国科学院院士 中国绕月探测工程首席科学家

《环球科学》是全球顶尖科普杂志《科学美国人》的中文版，是指引世界科技走向的风向标。我特别喜爱《环球科学》，因为她长期以来向人们展示了全球科学技术丰富多彩的发展动态；生动报道了世界各领域科学家的睿智见解与卓越贡献；鲜活记录着人类探索自然奥秘与规律的艰辛历程；传承和发展了科学精神与科学思想；闪耀着人类文明与进步的灿烂光辉，让我们沉醉于享受科技成就带来的神奇、惊喜之中，对科技进步充满敬仰之情。在轻松愉悦的阅读中，《环球科学》拓展了我们的知识，提高了我们的科学文化素养，也净化了我们的灵魂。

《环球科学》的撰稿人都是具有卓越成就的科学大家，而且文笔流畅，所发表的文章通俗易懂、图文并茂、易于理解。我是《环球科学》的忠实读者，每期新刊一到手就迫不及待地翻阅以寻找自己最感兴趣的文章，并会怀着猎奇的心态浏览一些科学最前沿命题的最新动态与发展。对于自己熟悉的领域，总想知道新的发现和新的见解；对于自己不熟悉的领域，总想增长和拓展一些科学知识，了解其他学科的发展前沿，多吸取一些营养，得到启发与激励！

每一期《环球科学》都刊载有很多极有价值的科学成就论述、前沿科学进展与突破的报告以及科技发展前景的展示。但学科门类繁多，就某一学科领域来说，必然分散在多期刊物内，难以整体集中体现；加之每一期《环球科学》只有在一个多月的销售时间里才能与读者见面，过后在市面上就难以寻觅，查阅起来也极不方便。为了让更多的人能够长期、持续和系统地读到《环球科学》的精品文章，《环球科学》杂志社和外语教学与研究出版社合作，将《环球科学》刊登的科学前沿精品文章，按主题分类，汇编成"科学最前沿"系列丛书，再度奉献给读者，让更多的读者特别是年轻的朋友们有机会系统地领略和欣赏众多科学大师的智慧风采和科学的无穷魅力。

"科学最前沿"系列丛书包括七个分册：

1. 天文篇——《太空移民 我们准备好了吗》

2. 医药篇——《现代医学真的进步了吗》

3. 健康篇——《谁是没病的健康人》

4. 环境与能源篇——《拿什么拯救你 我的地球》

5. 科技篇——《科技时代 你OUT了吗》

6. 数理与化学篇——《霍金和上帝 谁更牛》

7. 生物篇——《谁是地球的下一个主宰》

当前，我们国家正处于科技创新发展的关键时期，创新是我们需要大力提倡和弘扬的科学精神。"科学最前沿"系列丛书的出版发行，与国际科技发展的趋势和广大公众对科学知识普及的需求密切结合；是提高公众的科学文化素养和增强科学判别能力的有力支撑；是实现《环球科学》传播科学知识、弘扬科学精神和传承科学思想这一宗旨的延伸、深化和发扬。编辑出版"科学最前沿"系列丛书是一种集成再创新的有益尝试，对于提高普通大众特别是青少年的科学文化水平和素养具有很大的推动意义，值得大加赞扬和支持，同时也热切希望广大读者喜爱"科学最前沿"系列丛书！

科学奇迹的见证者

陈宗周
《环球科学》杂志社社长

1845年8月28日，一张名为《科学美国人》的科普小报在美国纽约诞生了。创刊之时，创办者鲁弗斯·波特（Rufus Porter）就曾豪迈地放言：当其他时政报和大众报被人遗忘时，我们的刊物仍将保持它的优点与价值。

他说对了，当同时或之后创办的大多数美国报刊都消失得无影无踪时，快满170岁的《科学美国人》却青春常驻、风采迷人。

如今，《科学美国人》早已由最初的科普小报变成了印刷精美、内容丰富的月刊，成为全球科普杂志的标杆。到目前为止，它的作者，包括了爱因斯坦、玻尔等148位诺贝尔奖得主——他们中的大多数是在成为《科学美国人》的作者之后，再摘取了那顶桂冠。它的读者，从爱迪生到比尔·盖茨，无数人在《科学美国人》这里获得知识与灵感。

从创刊到今天的一个多世纪里，《科学美国人》一直是世界前沿科学的记录者，是一个个科学奇迹的见证者。1877年，爱迪生发明了留声机，当他带着那个人类历史上从未有过的机器怪物在纽约宣传时，他的第一站便选择了《科学美国人》编辑部。爱迪生径直走进编辑部，把机器放在一张办公桌上，然后留声机开始说话："编辑先生们，你们伏案工作很辛苦，爱迪生先生托我向你们问好！"正在工作的编辑们惊讶得目瞪口呆，手中的笔停在空中，久久不能落下。这一幕，被《科学美国人》记录下来。1877年12月，

《科学美国人》刊文，详细介绍了爱迪生的这一伟大发明，留声机从此载入史册。

留声机，不过是《科学美国人》见证的无数科学奇迹和科学发现中的一个例子。

可以简要看看《科学美国人》报道的历史：达尔文发表《物种起源》，《科学美国人》马上跟进，进行了深度报道；莱特兄弟在《科学美国人》编辑的激励下，揭示了他们飞行器的细节，刊物还发表评论并给莱特兄弟颁发银质奖杯，作为对他们飞行距离不断进步的奖励；当"太空时代"开启，《科学美国人》立即浓墨重彩地报道，把人类太空探索的新成果、新思维传播给大众。

今天，科学技术的发展更加迅猛，《科学美国人》的报道因此更加精彩纷呈。新能源汽车、私人航天飞行、光伏发电、干细胞医疗、DNA计算机、家用机器人、"上帝粒子"、量子通信……《科学美国人》始终把读者带领到科学最前沿，一起见证科学奇迹。

《科学美国人》追求科学严谨与科学通俗相结合的传统也保持至今，并与时俱进。于是，在今天的互联网时代，《科学美国人》及其网站，当之无愧地成为报道世界前沿科学、普及科学知识的最权威科普媒体。

科学是无国界的，《科学美国人》也很快传向了全世界。今天，包括中文版在内，《科学美国人》在全球用15种语言出版国际版本。

《科学美国人》在中国的故事同样传奇。这本科普杂志与中国结缘，是杨振宁先生牵线，并得到了党和国家领导人的热心支持。1972年7月1日，在周恩来总理于人民大会堂新疆厅举行的宴请中，杨先生向周总理提出了建议：中国要加强科普工作，《科学美国人》这样的优秀科普刊物，值得引进和翻译。由于中国当时正处于"文革"时期，杨先生的建议6年后才得到落实。1978年，在"全国科学大会"召开前夕，《科学美国人》杂志中文版开始试刊。1979年，《科学美国人》中文版正式出版。《科学美国人》引入中国，还得到了时任副总理的邓小平以及国家科委主任方毅（后担任副总理）的支持。一本科普刊物在中国受到如此高度的关注，体现了国家对科普工作的重视，同时，也反映出刊物本身的科学魅力。

如今，《科学美国人》在中国的传奇故事仍在续写。作为《科学美国人》在中国的版权合作方，《环球科学》杂志在新时期下，充分利用互联网时代全新的通信、翻译与编辑手段，让《科学美国人》的中文内容更贴近今天读者的需求，更广泛地接触到普通大众，迅速成为了中国影响力最大的科普期刊之一。

《科学美国人》的特色与风格十分鲜明。它刊出的文章，大多由工作在科学最前沿的科学家撰写，他们在写作过程中会与具有科学敏感性和科普传播经验的科学编辑进行反复讨论。科学家与科学编辑之间充分交流，有时还有科学作家与科学记者加入写作团队，这样的科普创作过程，保证了文章能够真实、准确地报道科学前沿，同时也让读者大众阅读时兴趣盎然，激发起他们对科学的关注与热爱。这种追求科学前沿性、严谨性与科学通俗性、普及性相结合的办刊特色，使《科学美国人》在科学家和大众中都赢得了巨大声誉。

《科学美国人》的风格也很引人注目。以英文版语言风格为例，所刊文章语言规范、严谨，但又生动、活泼，甚至不乏幽默，并且反映了当代英语的发展与变化。由于《科学美国人》反映了最新的科学知识，又反映了规范、新鲜的英语，因而，它的内容常常被美国针对外国留学生的英语水平考试选作试题，近年有时也出现在中国全国性的英语考试试题中。

《环球科学》创刊后，很注意保持《科学美国人》的特色与风格，并根据中国读者的需求有所创新，同样受到了广泛欢迎，有些内容还被选入国家考试的试题。

为了让更多中国读者能了解到世界前沿科学的最新进展与成就，开阔科学视野，提升科学素养与创新能力，《环球科学》杂志社与外语教学与研究出版社合作，编辑出版了这套"科学最前沿"丛书。

丛书内容从近几年《环球科学》（即《科学美国人》中文版）刊载的文章中精选，按主题划分，结集出版。这些主题汇总起来，构成了今天世界前沿科学的全貌。

丛书的特色与风格也正如《环球科学》和《科学美国人》一样。中国读者不仅能从中了解到科学前沿，还能受到科学大师的思想启迪与精神感染。

在我们正努力建设创新型国家的今天，编辑出版这套"科学最前沿"丛书，无疑具有很重要的意义。展望未来，我们希望，在"科学最前沿"的读者中，能出现像爱因斯坦那样的科学家、爱迪生那样的发明家、比尔·盖茨那样的科技企业家。我们相信，"科学最前沿"的读者会创造出无数的科学奇迹。

未来中国，一切皆有可能。

陈宗周

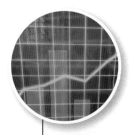

科学最前沿　数理与化学篇

霍金和上帝 谁更牛

目录

话题四 ▶ 于细微处见神奇的纳米技术

CONTENTS

话题五 ▶ 远看是魔法，近看是光学

话题六 ▸ 不可尽知的粒子世界

目录

话题七 ▸ 鬼魅似的远距作用

CONTENTS

统计数据可信吗?

谁都不能否认统计是科学,而且是一门很高深的科学,但为什么有时候统计学结果会与公众的感觉有出入呢?这里面有个人感觉与平均效应存在偏差的问题,也有统计数据本身的问题。美国统计专家达莱尔·哈夫(Darrell Huff)曾经写过一本传世之作《统计数字会撒谎》,该书引发的"编造虚假信息"话题受到美国社会持续普遍的关注和美国权威媒体的激烈争论。

本话题中的后三篇文章从不同侧面揭露了几种统计学陷阱,以飨读者。

为什么你不如朋友受欢迎？

撰文：约翰·艾伦·保罗斯（John Allen Paulos）
翻译：王栋

INTRODUCTION

在社交网站上，大多数人都感到自己受关注的程度没有朋友高。原因很简单——平均效应与个人的感觉会截然不同，我们拥有朋友的数量只是其中一个典型的例子。

你的朋友比你本人更受欢迎吗？虽然看起来，并没有什么理由相信这是真的，但很可能确实如此。与只有很少朋友的人相比，我们更容易跟同一个拥有很多朋友的人成为朋友。这并不是因为我们在刻意躲避朋友很少的人，而是因为我们跟一个受人欢迎的人做朋友的可能性更高，原因很简单——这样的人拥有的朋友数量也多。

这个简单的道理不仅体现在真实的交友过程之中，还体现在社交媒体之上。在 Twitter 社交网站上，它就导致了所谓的"关注者悖论"（follower paradox）：大多数人

被关注的数量都比他们关注的人被关注的数量要少。在你急于变得更受欢迎之前，要记住：大多数人其实都跟你一样，关注他们的人寥寥无几。

在许多情况下，平均效应与个人感受会截然不同，我们拥有朋友的数量只是其中一个典型的例子，另一个例子是课堂上的人数。

不妨设想，某所大学里的一个小院系在某个学期开了三门课：一门是基础概论课，有80名学生；一门是高等专业课，有15名学生；还有一门研究讨论课，只有5名学生。请问：每门课的平均人

悖论

指在逻辑上可以同时推导出两个互相矛盾的命题的命题或理论体系。悖论的出现往往是因为人们对某些概念的理解不够深刻所致，其成因极为复杂，对它们的深入研究有助于数学、语义学等理论学科的发展，因此具有重要意义。悖论主要有逻辑悖论、概率悖论、几何悖论、统计悖论和时间悖论等。

数是多少？显然，应该是（80+15+5）/3，也就是33.3名学生。这个数字就是院系计算的平均课堂人数。

现在再来算一遍，这次我们从一个普通学生的角度来看待问题。在100名学生中，有80个人会发现，他们的课堂上有80名学生，有15个人会发现，课堂上有15名学生，只有5个人发现，课堂上只有5名学生。因此，在学生眼里，课堂的平均人数是（80×80+15×15+5×5）/100，也就是66.5名学生。不过，这个数字不太可能被系里采用。

当然，这种论证方法在很多情况下都能被采纳。看看人口密度问题，地球表面单位面积上的平均人口数量其实不多，然而，从人的平均眼光来看，人口密度要高得多，因为大多数人都居住在城市里。因此，我们能够得出这样的结论：虽然生活在远比平均人口密度更高的环境里，我们中的大多数人的受欢迎程度却达不到平均水平。

篮球运动员的 "迷信"

撰文：约翰·马特森（John Matson）
翻译：红猪

INTRODUCTION

统计学规律告诉我们：篮球运动员在投中三分球后再次命中的概率，比第一次失手后再次命中的概率低。但篮球运动员往往倾向于在第一次投中后马上试第二次，因为此时自己的手感正佳。

在 NBA 赛场上，雷杰·米勒（Reggie Miller）、迈克尔·乔丹（Michael Jordan）、科比·布莱恩特（Kobe Bryant）都曾有过投篮连续命中的难忘瞬间。但过去的研究表明，所谓"手感好"只是一种"迷信"，究其原因，是我们有一种在没有规律的地方"看见"规律的倾向。

无论是否迷信，当统计数字显示篮球运动员的投篮命中率不高时，他们有时仍会认为自己的手感正佳。最近的一项研究显示，职业篮球运动员在比赛中过于看重上一个三分球的结果。一旦投中，他们再次投掷三分球的意愿就会大大提高。这项刊登在《自然 – 通信》（*Nature Communications*）杂志上的研究分析了数百场NBA和WNBA比赛的统计数字。

湖人队的科比在2007~2008赛季的表现就是一个很好的例子。科比曾在那个赛季赢得"最有价值球员"的称号，

每次投中三分球后，他在三分线外再次投球的次数几乎是投偏后再次投球次数的四倍。不过，指望连中三分是一条错误的策略。数据显示，球员在投中一次后再次命中的概率其实比失手后再次投篮的命中率要低。这再次证明，"手感好"什么的只是浮云。

抢银行值得吗？

撰文：戴夫·莫舍（Dave Mosher）
翻译：王栋

INTRODUCTION

英国的一项统计数据表明，每个抢银行的劫匪平均能分得19,900美元赃款，大约相当于一位咖啡店员工一年的薪水。但抢银行可是一份高风险的"工作"，差不多33%的银行劫匪会空手而归，还有20%的劫匪最终被捕。

有志当银行劫匪的人要注意了，最近一项对银行保密数据的统计分析显示，一夜暴富差不多是在做梦，身陷囹圄才更有可能。

"坦白地说，抢银行的平均回报真的很'垃圾'。"这是2012年6月，在《显著性》（*Significance*）（美国统计学会和英国皇家统计学会联合出版的双月发行统计学期刊）上刊载的一篇关于英国银行劫案的经济学研究文章所得

出的结论。为了进行这项研究，英国萨里大学的经济学家尼尔·里克曼（Neil Rickman）和罗伯特·威特（Robert Witt），与英国苏塞克斯大学的经济学家巴里·赖利（Barry Reilly）一起，同英国银行家联合会谈判了数月，才得到其详细记录2005～2008年364起银行劫案的保密数据。与之相反，在美国，这样的详细数据记录压根就不可能存在，因为即便银行进行了记录，它们也会埋没在美国联邦调查局关于银行劫案的匿名季度报告里。

统计研究显示，平均而言，每一起英国银行劫案的案犯为1.6人，劫得31,900美元。假设案犯之间均匀分赃，平均每个人每次抢劫能分得19,900美元赃款——大约相当于一位咖啡店员工一年的薪水。

如果是持枪抢劫的话，则能将每一起抢劫得到的赃款增加16,100美元，虽然通常这也需要更多的同伙来参与。然而，单枪匹马地去抢能获得更高的平均赃款，因为增加一个同伙而多劫的钱不足以抵消多一个人分赃带来的损失。

里克曼评论道，虽然数目看起来并不小，但抢银行可是一份高风险的"工作"。在英国，差不多33%的银行劫案都以劫匪空手而归落幕，还有20%最终被捕。试图抢劫的次数越多，被捕的风险就越大。例如，如果一个劫匪已经是第4次抢银行了，那么其被捕的概率就会增加到59%。"不知怎么回事，在我原先的预想中，银行劫匪的表现应该不至于像实际数据显示的这么差劲。"里克曼说。

一些立志当罪犯的人就是比别的坏人强。意大利都灵大学卡洛·阿尔贝托学院的经济学家乔瓦尼·马特罗波尼（Giovanni

图为1932年时臭名昭著的银行劫犯邦妮·帕克（Bonnie Parker）和克莱德·巴罗（Clyde Barrow）。

Matrobuoni）认为，该论文没有考虑到专业劫匪。而根据推测，专业劫匪应该收获了2005～2008年英国银行被劫所损失的1,160万美元中的大部分。例如，这篇论文提出，一些银行中安装的速升防弹屏将抢劫成功率降低了1/3。"但我却认为，只有笨贼才会选那些装备有速升防弹屏的银行，专业高手都会在实施抢劫前仔细踩点的。"马特罗波尼说。对此，里克曼回应道，关于专业劫匪的记录信息更难获得，因为那需要获得警方和银行的机密记录。经济学家们评论说，这份新出炉的报告表明，还需要关于银行劫案更多、更好的数据记录。

疾病检查骗了我们?

撰文：约翰·艾伦·保罗斯（John Allen Paulos）
翻译：郭凯声

INTRODUCTION

疾病检测结果并不像我们想象的那样可信。假设某种癌症的发病率为0.4%，那么，即使一种检测手段只有1%的可能性得到假阳性结果，也会使真正的阳性结果只占检测出的阳性结果的28.6%。

似乎每隔几个月，就会有一项研究爆出猛料，说又有一种广泛使用的癌症普查手段其实并无多大的作用。2009年，美国预防医学工作组指出，许多妇女拍乳房X光片的时间比专家建议的时间晚，检查频率也比专家建议的要低，因为每年拍片检查一次似乎没有带来什么好处。不久前，该工作组还针对检查前列腺癌的前列腺特异性抗原化验术，抛出了更为尖锐的说法：这种检查的效果是让许多人受罪而非挽回他们的生命。

最近，美国达特茅斯卫生政策与临床实践研究所的研究人员宣称，通过拍乳房X光片（美国每年有将近4,000万人接受此项检查）查出一个癌症病例，并不意味着

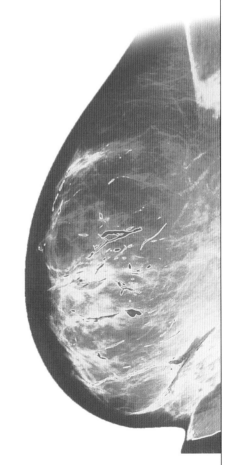

贝叶斯公式

也称贝叶斯定理，由英国数学家贝叶斯（Thomas Bayes）提出，是概率统计中用观察到的现象对先验概率进行修正的标准方法。例如，在本文的例子中，99.5%和1%就是观察到的现象，0.4%为先验概率，把这些数据代入公式，就可以得到某人检查结果呈阳性时确实患病的概率。

就能挽回一条人命。研究人员发现，这项检查每年大概会检查出138,000个乳腺癌病例，但对其中120,000~134,000名妇女并没有什么好处。这些病例要么发展得很慢，健康不会受到太大的影响；要么就是病情太严重，已无力回天。拍胸部X光片检查肺癌，以及检查宫颈癌的巴氏实验也受到了类似的抨击。

当然，对于单个病例而言，最好的检查和治疗方法可能是不一样的，但在所有检查方法的背后，其实都隐藏着一种"数学把戏"。这种把戏是什么，虽然很多数学家已经耳熟能详，但仍值得重述一次：人们在搜寻相对罕见的东西时（不仅仅是癌症，甚至还有恐怖分子），假阳性结果极其常见——要么是查出来的致命癌症根本不存在，要么是你患的病并不至于要你的命。

现在，我们既不去考查上面提到的各种癌症的发病率数据，也不考虑所提到的每一种检查方法的敏感度和特异性，而是来看一种名叫X的假想癌症。假设在某一时间，X在某一特定人群中的发生率为0.4%（五百分之二）。一方面，我们假设，如果你患上这种癌症，那么检查结果有99.5%的概率为阳性；另一方面，我们假定，如果你未患此癌症，那么你在检查时被查出阳性结果的概率为1%。将这些数字代入概率论的重要成果——贝叶斯公式中，我们可以获得一些深刻的认识，但直接做点儿简单的算术来阐释它，则更为生动有趣。

假定有100万人接受了针对这种癌症的检查，由于此癌症的患病率为0.4％，因而约有1,000,000×0.4％=4,000个人患有此病。根据假设，这4,000个人中将有99.5%的人得到阳性检查结果，也就是说，会出现4,000×0.995=3,980起阳性结果。而其余996,000个人（1,000,000－4,000）将是健康的。但又根据假设，在这996,000位健康人中，会有1%的人得到阳性检查结果，也就是说，将会出现996,000×0.01=9,960起假阳性结果。因此，在总共3,980+9,960=13,940起阳性检查结果中，真正的阳性结果仅占3,980/13,940，即28.6％。

如果那9,960位健康人士因此而接受了相当伤身的治疗，如开刀、化疗、放疗之类，那么这些检查造成的最终效果就可能完全是负面的。

对于不同的癌症及检查方法，相应的数据也不同，但在心理学与数学之间朦胧不清的灰色地带中，总会出现这样一类需要权衡利弊的问题。一次检查救了一条命，这种事情即使不多见，其产生的心理效果也远比此项检查常常会带来众多相当严重、却比较隐蔽的有害影响强烈得多。

调查结果不可盲从

撰文：查尔斯·塞费（Charles Seife）
翻译：王栋

I NTRODUCTION

一份调查结果显示，无信仰人士似乎比信徒们更加了解宗教。这项调查其实很不精确，因为"无神论者/不可知论者"在这项调查中只占了很少一部分，少量样本无法给出可靠的数据。

2010年9月底，美国皮尤宗教和公共生活论坛（Pew Forum on Religion and Public Life）公布的一份调查结果显示，无信仰人士似乎比信徒们更加了解宗教。一些媒体便开始大肆宣扬这一结果。例如，《时代》（Times）杂志宣布："无神论者比信徒们更了解宗教"；其他一些媒体则试图安慰信徒们，福克斯新闻网站就坚称："宗教测验，我们没有不及格。"几乎没有人意识到，这项调查其实很不精确。事实上，这个事件为被我称为"错误估计"的一种现象提供了绝好的例证，那就是对不精确的数据太过较真。

乍一看来，这项测验及其结果似乎没有什么问题：在一个由32道问题构成的宗教知识小测验中，将自己归入"无神论者／不可知论者"一组的人平均答对了20.9道问题，比其他任何一组的正确率都高，也高于整体的平均正确率（答对16.0道）。但是，由于"无神论者／不可知论者"在这项皮尤论坛进行的测验中只占了很少一部分（全部3,412位参加测验者中仅有212位），20.9道问题的正确率掩盖了背后的高度不精确性——少量样本无法给出可靠数据。如果采用标准制图技术来表示测验结果，并在图中标出不确定性的话

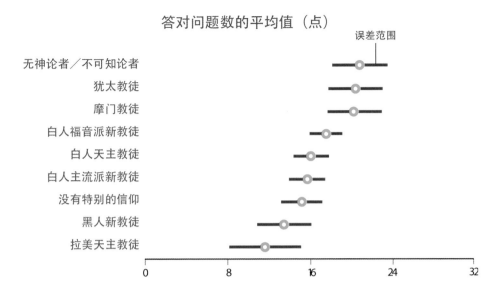

答对问题数的平均值（点）

误差范围

无神论者／不可知论者
犹太教徒
摩门教徒
白人福音派新教徒
白人天主教徒
白人主流派新教徒
没有特别的信仰
黑人新教徒
拉美天主教徒

0　　8　　16　　24　　32

（上图），就会发现"无神论者／不可知论者"跟"犹太教徒""摩门教徒"的测验结果之间的差距消失了。

　　皮尤论坛还留了"没有特别的信仰"这一组供受试者对号入座，这让测验结果变得更加不可靠。许多把自己归入"没有特别的信仰"一组的人都曾经明确表示他们不信神。有趣的是，这一组人在宗教知识测验中的得分要比典型的美国人低。如果把他们也归入"无神论者／不可知论者"，那么这一组人的平均得分就会比"白人福音派新教徒"的得分还要低一些。

　　皮尤论坛采取了更严谨的分析——根据受试者的教育及收入背景（遗憾的是，这些数据在报告中很不明显）对结果进行修正。修正后，信徒和无信仰人士之间就没有明显的区别了。那些声称不信神的人的平均得分比全国平均得分仅仅高了0.3分，考虑到如此大的误差范围，这点儿分差没有任何意义。

　　在没有认真核实数据的情况下，新闻媒体就急不可待地将无神论者和有神论者的争执放在了新闻头条。皮尤论坛的这项调查，与其说反映了我们对神的信仰度，还不如说真正揭示了我们对调查结果的信任度——结果显示，在绝大多数时候，我们对调查结果都只是盲目地相信。

统计学怪圈

撰文：约翰·艾伦·保罗斯（John Allen Paulos）
翻译：郭凯声

I NTRODUCTION

你相信吗，有些时候对统计分析进行轻微调整，能让完全相同的数据得出截然相反的结论？对于一些弱相关的量，只要巧妙设定分类的定义，就能造出你希望的结果。

弱相关

相关是以量化形式对客观世界中事物之间普遍联系的反映，两个变量之间的变化关系表现在变化方向和密切程度两方面。弱相关，又称低度相关，即当一列变量变化时，与之相对应的另一列变量增大（或减少）的可能性较小，也即两列变量之间虽然有一定的联系，但联系的紧密程度较低。

不久前，美国犹他大学的研究人员进行了一项调查，他们发现，食客在餐厅里吃东西的多少与餐叉的大小有关。我没有见到这项调查的细节，不过，它倒是让我想起，只需稍稍改变一下定义，人们便可以根据相同的数据得出截然相反的结论。

如果这些互相矛盾的结果是预先做了手脚的个别现象，那倒也罢了，但情况并非如此。我们在处理弱相关的量时，常常会巧妙地设定我们使用的类别的大小。在近来对暴力犯罪所做的调查中，我们就可以看到这种手法，其目的是想证明，若干个类别的犯罪正朝着期望的方向变化。本文中，我也打算通过一个类似的例子来阐明问题的关键所在。

　　这里，我们只用关于餐厅的调查作为启示，看看稍微改变一下定义为何会起到如此大的作用。假定饭店里有10位食客，而我们要考虑的是，餐盘的大小会对食客吃多少东西有什么影响。3位食客面前摆的是人们眼中的小餐盘（如直径小于20厘米），他们分别吃了250克、310克和280克的东西，平均吃了280克。现在又假定，4位食客面前摆的是中等大小的盘子（直径为20~28厘米），而他们分别吃了500克、200克、400克和100克的东西，平均吃了300克。

　　最后我们假定，剩下的3位食客用的是大盘子（如直径大于28厘米），他们分别吃了370克、310克和340克的东西，平均吃了340克。

看出规律了吧？当盘子的尺寸由小增至中再增至大时，食客的平均食量由280克增至300克再增至340克。嗯，这个结果挺不错的！

且慢高兴。如果我们把中等大小盘子的定义稍稍改一下，规定直径21～27厘米为中等，且小盘子与大盘子的定义也做相应改动，那结果又将如何呢？如果重新定义之后，导致2位食客分类错位，那又会怎么样呢？吃了500克东西的那位食客其实用的是小盘（如直径为20.5厘米），而只吃了100克东西的那位食客其实用的是大盘（如直径为27.5厘米）。

现在，根据这一假设再来计算一次。4位（而非3位）食客用的小盘子，分别吃了250克、310克、280克和500克的东西，平均吃了335克。2位（而非4位）食客用的是中等大小的盘子，分别吃了200克与400克，平均吃了300克。4位（而非3位）食客用的大盘子，分别吃了100克、370克、310克与340克的东西，平均吃了280克。

又看出规律了吗？随着盘子的尺寸由小增至中再增至大，食客的平均食量由335克减至300克再减至280克。啊哈！这也是一个很妙的结果！

而且，在这里，样本过小并非关键问题。其实，对于大量的数据点，这种手法玩起来恐怕会更加得心应手，因为对类别做手脚的机会更多。有谁想玩一玩太阳黑子强度或美国橄榄球超级杯大赛的结果吗？

小数致大错

撰文：安德鲁·格尔曼（Andrew Gelman）
翻译：郭凯声

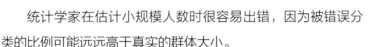

INTRODUCTION

统计学家在估计小规模人数时很容易出错，因为被错误分类的比例可能远远高于真实的群体大小。

随着美国军方开始着手审查所谓"不问，不说"政策（Don't Ask, Don't Tell，即军方不可询问军人的性取向，军人也不能向军方透露自己的性取向，最终审查结果将于晚些时候公布），人们自然会想：有多少军人受到这

项政策的影响？为了回答这个问题，五角大楼于2010年夏天对军队进行了调查，询问军人们在服役期间或以前在服役时是否有他们认为是同性恋者的战友。此调查存在一个明显的问题——它所依据的完全是推测。撇开这一点不说，这项调查还提出了一个常见的统计学问题，即群体大小的不对称性。由于军人中绝大多数是异性恋者，因此，异性恋军人被误当作同性恋者的情况，将比同性恋军人被当作异性恋者的情况多得多。

这是问卷调查中普遍存在的一个问题。哈佛大学研究人员戴维·海明威（David Hemenway）证明，某些广为人知的调查把美国人用于自卫的枪支数目高估了10倍之多。即使所有受访者中错误回答问题的人只占1%，这个错误率与持枪用于自卫者在总人口中所占的比例（据一些靠谱的调查披露，此比例约为0.1%）相比也够大的了。换言之，被错误分类的比例远远超过了真实的群体大小。要想避开这个问题，更明智的做法是，相信对犯罪受害者的调查结果，因为这类调查把使用枪支的问题限制在一个规模更小的群体上。

对于我们开头提出的那个问题，要调查军人中同性恋者所占的比例，一个还算不错（但仍不完美）的解决办法就是，把下面两项估计综合起来：一是估计同性恋者在总人口中所占的比例（从全国性调查中得出这一估计值易如反掌）；二是估计同性未婚伴侣中曾在军队中服役者所占的比例（用概率表示）。从总人口类推到军人，并把分析限制在同性未婚伴侣这个小圈子里，从而缩小了可能被误判为同性恋者的群体。加利福尼亚大学洛杉矶分校的加里·盖茨（Gary J. Gates）用这种方法估算出美军中1.5%的男性和6.2%的女性是同性恋者或双性恋者。

话题二

小问题大道理

一提起科学发现，大家就会想起在实验室里深居简出的科学家，似乎和我们的生活有很大的距离。其实，只要用心，生活中处处都能发现耐人寻味的科学道理。相传科学巨匠牛顿就是因为一只苹果砸到头顶上才产生了有关万有引力定律的灵感；伽利略在教堂里观察悬挂着的吊钟，从而发现了摆的规律……科学道理在生活中无处不在，你知道当端着咖啡杯行走的时候，为什么有时候咖啡会洒出来，有时候不会吗？为什么大多数跳高运动员喜欢采用背越式姿势？为什么……

排名机制背后的数学机密

撰文：艾米·朗格维尔（Amy N. Langville）
卡尔·迈耶（Carl D. Meyer）
翻译：郭凯声

I NTRODUCTION

在日常生活中，我们往往需要排名的结果帮助我们做出选择，如在考虑送子女到哪里读大学时会参考大学的排名。但其实任何排名和评分机制都有数学缺陷，不可不信，也不可全信。

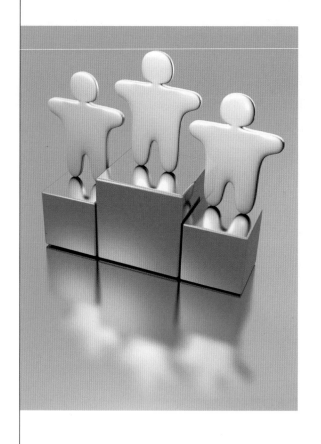

日常生活中，需要我们做出决定的许多场合（如购物、上网、看电影，乃至送子女去读大学等），往往都会涉及评分和排名的问题。但你可曾想过，是什么人或什么因素在给出这些评分呢？评分是只反映了主观看法，还是另有什么因素在悄悄地起作用呢？

假设现在你是马克·扎克伯格（Mark Zuckerberg），在他的Facemash网站（Facebook的前身）给哈佛大学的女生评分、排名。最简单的办法自然是让大家为自己心仪的女生投票，而某位女生的得分就是她所获得的票数。

但投票的效果并不好，因为不同的人投的票，效力可能不一样。例如，那些不学无术的人投的票，在效力上通常就不如知识渊博的人投的票。拿Facemash来说，投票者的性别可能起相当重要的作用。

但给投票者规定某种权重往往是不可行的，特别是在投票者的身份不明的情况下。因此，你不妨试试美国大学橄榄球冠军联赛（Bowl Championship Series）为各个大学橄榄球队评分所使用的方法。如果把这种方法用在评选前10名的女生上，就应该这样操作：投票者为最心仪的女生打10分，为次心仪的女生打9分，依此类推。每位女生所获得的分数加起来，就是她的最后得分。

不过，大多数橄榄球迷希望，球队排名应该根据实际比赛的成绩来进行。事实上，由于来自球迷的强大压力，美国大学橄榄球赛的组织者在2012年4月宣布，他们正在考虑在2014赛季实行附加赛。扎克伯格出于直觉，敏锐地意识到一对一的比拼是更好的评分办法。他采取的方法是，直接把两名女生的照片放在一起，然后问："哪个更漂亮？"这样，打分就很容易了。每次比拼，赢方得1分，输方得0分（如不分胜负，则双方各得0.5分）。

但是，如何把这种一对一比拼的分数转化为评分呢？酷爱国际象棋的美国物理学家阿帕德·埃洛（Arpad Elo）推理说，一种比较合理的办法是，随着比赛的进行，为每位选手确定一个平均成绩，这个成绩就是选手的初始评分。一旦评分，此后就只能根据选手的成绩高于或低于平均成绩的幅度，对评分进行相应的调整。后来，人们对埃洛的构想稍微做了一些改进——平均成绩由另一个相对性指标来代替，这个指标反映的是一位选手在与另一位选手对阵时的预期成绩。它所依据的逻辑是，两个选手在对阵之前，他们在评分上的差距应该让人想到，当他们真实较量时可能会出现什么结果。

除了足球和橄榄球以外，这个巧妙的评分方法也在游戏世界中获得了广泛应用。不过，在把它应用于各种场合时，都根据比赛的具体情况做了一些改动。我们仍然不能说，这就是最好的评分和排名方式，因为最好的方式其实是不存在的。早在1951年，美国数理经济学家肯尼思·阿罗（Kenneth Arrow）就已经证明，不可能存在一种能满足若干公平准则的最优排名机制。因此，争议仍会持续下去，这使评级与排名机构不停地根据各自的特殊需求，去调整并量身打造自己的评分与排名制度。

咖啡机里的数学难题

撰文：韦特·吉布斯（W. Wayt Gibbs）
内森·米尔沃尔德（Nathan Myhrvold）
翻译：徐海燕

INTRODUCTION

当你优雅地品尝一杯充满泡沫的咖啡时，是否注意过那些泡泡的排列规律？比利时物理学家普拉托曾经用三条规则描述过泡泡的排列模式。在泡沫食物中，不遵循普拉托规则的气泡会很快破裂，不信你可以检验一下。

如果你的早晨从一杯满是泡沫的卡布其诺咖啡开始，晚上以一杯醉人的啤酒结束，那么你这一天的始末都有最富科学趣味的食物——可食性泡沫。这些环环相扣的泡泡，不仅蕴藏着深奥的数学难题，也成为近年来饮食业内最锐意创新的领域。

西班牙加泰罗尼亚著名餐厅埃尔布利的顶级名厨费兰·阿德里亚（Ferran Adrià），从20世纪90年代中期开始试验可食性泡沫，为食客提供全新的饮食体验。阿德里亚使用的起泡物质不是传统的鸡蛋或奶油，而是明胶（gelatin）和卵磷脂（lecithin）之类的东西。他使用的打泡器类似于

罐装的Reddi-wip（美国常见的一种罐装奶油，以压缩气体作为动力，可喷出发泡的奶油），但更结实，由一氧化二氮压缩气体提供动力。用以制造泡沫的原料花样繁多，有鳕鱼、鹅肝、蘑菇，还有土豆。他掀起了一次泡沫革命，包括英国布雷的赫斯顿·布卢门撒尔（Heston Blumenthal）、美国纽约的怀利·迪弗雷纳（Wylie Dufresne）、芝加哥的格兰特·阿卡兹（Grant Achatz）在内的大厨们，都开始把各种美食打成泡沫。

这些菜式上笼罩的神秘光环并非仅仅来自新奇的质地。泡沫看似杂乱无章，但那些泡泡好像无一例外地进行了自组织，遵守着三条普适规则。这些规则是由比利时物理学家约瑟夫·普拉托（Joseph Plateau）于1873年首先注意到的，它们容易描述，却难以解释。第一条规则是，相邻气泡构成的每条边都有三片膜相交，不会是两片，也绝不是四片——永远是三片。第二条规则是，每对相交的膜稳定后，都构成恰好120°夹角。最后一条规则是，每一个交点永远是恰好四条边相交，而边的夹角永远是 − 1/3 的反余弦——大约109.5°。

直到一个世纪后的1976年，美国罗格斯大学的数学家琼·泰勒（Jean Taylor）才证明，至少在两个气泡的情况下，普拉托规则的产生原因是表面张力，它们会迫使气泡采取最稳定的构型。至于三个甚至更多个气泡

构成泡沫的情况，数学家仍在努力解决。另外，当气泡充满容器内部时排列成什么形状才能获得最小表面积（即能量最低），也还是未解之谜。1887年，开尔文爵士（Lord Kelvin）提出，答案是蜂巢状排列的十四面体，每个气泡都具有六个方形和八个六边形表面。但在1994年，爱尔兰都柏林三一学院的物理学家丹尼斯·维埃尔（Dennis Weaire）和罗伯特·费伦（Robert Phelan）发表论文，提出了更好但未必是最优的解答：泡沫由两种气泡组成，一种是全部由五边形构成的十二面体，另一种是由两个六边形和十个五边形构成的十二面体。

在泡沫食物中，不遵循普拉托规则的气泡会很快破裂。太小的气泡也有类似的命运：它们的表面张力会导致气泡的内部压力增大，超过破裂点。这是液态泡沫放置越久就变得越糙的原因之一，所以喝卡布其诺咖啡还是要趁新鲜。

咖啡为什么会洒出杯子？

撰文：蔡宙（Charles Q. Choi）
翻译：冯泽君

I NTRODUCTION

当人们端着咖啡杯行走的时候，为什么有时候咖啡会洒出来，有时候不会？这看似是一个小问题，其中却涉及流体力学、液体表面稳定性、液体与容器相互作用等很多基础科学原理，把它当成一个课题来研究一点儿也不过分。

路斯兰·克雷奇特尼科夫（Rouslan Krechetnikov）是美国加利福尼亚大学圣巴巴拉分校的流体力学家，在一个数学会议上，同事小心翼翼地端咖啡让他不禁想到，为什么有时候咖啡会洒出来，有时又不会呢？于是一个新的研究项目诞生了。

尽管这看起来只是一个小问题，其中却涉及很多基础科学原理，包括流体力学、液体表面稳定性、液体与容器相互作用，还有行走过程涉及的复杂生物学。

他和一名研究生观察人们端着咖啡杯行走的高速录像，分析步行速度

流体力学

指研究流体（气体和液体）的运动规律和平衡规律，以及流体与相接触的物体相互作用的物理分支学科。可按照研究对象的运动方式分为流体静力学和流体动力学，还可按照应用范围分为水力学、空气动力学等。

等因素对于杯内咖啡的影响。通过逐帧分析，他们发现，在人们步速稳定后，行走本身会导致咖啡杯大幅度、有规律地振动，而每踏一步所产生的那种起伏以及其他环境因素（如地面不平或分神等），还会导致杯子小幅度、不规律地振动。

咖啡是否溢出在很大程度上取决于饮料的自然振动频率，即它最易产生的振动频率，就像每个钟摆的振动频率都取决于它的长度和重力一样。当咖啡杯的大幅度、有规律运动与咖啡的自然振动频率接近时，就会产生共振，就像在恰当的位置推秋千，会使秋千越摆越高，这时咖啡溢出的概率就会大大增加。另外，咖啡杯小幅度、不规律的振动也有可能"放大"咖啡的运动幅度。

揭示咖啡振动和人体运动的关系，有助于我们找到防止液体溢出的方法。"比如设计一种柔韧的容器来缓冲振动。"克雷奇特尼科夫说。此外，在容器内壁的底部和顶部安装一系列圆环也有助于消除液体振动。

跳高和物理学

撰文：罗斯·埃弗莱斯（Rose Eveleth）
翻译：梅林

I INTRODUCTION

为什么大多数跳高运动员都喜欢采用背越式姿势？利用中学物理中的一个公式就能解释。

在观看奥运会跳高比赛时，你不妨想想这个公式：$u^2=2gh$。在这个公式中，u代表跳高运动员的速度（这需要消耗能量），g代表重力加速度，h代表重心的高度。这个公

式可以解释为什么大部分跳高运动员都会采用背越式姿势。英国剑桥大学的数学家约翰·巴罗（John Barrow）在他的新书《科学家对运动中100个有趣现象的解释》（*A Scientist Explains 100 Amazing Things about the World of Sports*）中写到，背越式跳高可以使跳高运动员的重心更低，而重心低意味着运动员成功翻越横杆时所需的能量更少。而且，更为神奇的是，跳高运动员在翻越横杆时，甚至可以让自己的重心保持在比横杆还低的水平。

现在，你可能会问，为什么许多跳高运动员都喜欢背向横杆起跳？这很容易理解：当你背朝着横杆时，手或脚不小心碰掉横杆的概率会小很多。

关掉手机乘飞机

撰文：明克尔（JR Minkel）
翻译：阿沙

INTRODUCTION

飞行中为什么要关掉手机？美国研究人员发现，手机、DVD播放器、游戏机和笔记本电脑等发射源所发射的信号频率恰好落在GPS导航的频率范围内，而GPS导航系统已经越来越频繁地应用于飞行器的着陆。

飞行中不得使用无线通信设备的禁令有望解除。然而，美国联邦通信委员会的这项提议或许是一个坏消息：全球定位系统（GPS）已经越来越频繁地应用于飞行器的着陆，而便携式电子设备可能会干扰GPS导航，严重影响飞机着陆。美国卡内基梅隆大学的研究人员获准携带一个无线频谱分析仪，搭乘横跨美国东北部的商务航班。进行了

37次实验后，他们发现，在每次航班中，平均会出现1～4个移动电话通信。此外，这个研究小组发现，飞机上其他频率发射源（基本上是一些DVD播放器、游戏机或笔记本电脑）所发射的信号频率也落在GPS导航的频率范围内，能够造成恶性干扰。这个发现正好印证了此类设备已经严重干扰航空导航系统的匿名安全报告。"这足以使人体验到打开其他更多放射源闸门所带来的不稳定感。"报告的撰写者之一格兰杰·摩根（M. Granger Morgan)这样说。相关报道刊登在《电气和电子工程师协会纵览》（*IEEE Spectrum*）2006年3月号上。不过，即使飞行中不得使用无线通话设备的禁令被取消，携带便携式电子设备登机或使用这些电子设备，仍须严格遵守禁止干扰驾驶室的航空规章制度。

GPS导航

　　GPS是英文Global Positioning System（全球定位系统）的简称，是一个由覆盖全球的24颗卫星组成的卫星系统。这个系统可以保证在任意时刻，地球上任意一点都可以同时观测到4颗卫星，以确保卫星可以采集到该观测点的经纬度和高度，以便实现导航、定位、授时等功能。这项技术可以用来引导飞机、船舶、车辆以及个人安全、准确地沿着选定的路线，准时到达目的地。GPS定位技术具有高精度、高效率和低成本的优点，使其在各类大地测量控制网的加强改造和建立以及在公路工程测量和大型构造物的变形测量中得到较为广泛的应用。

公主的新装

撰文：亚当·皮奥里（Adam Piore）
翻译：王栋

INTRODUCTION

迪士尼动画工作室的高级研究科学家发现，《魔发奇缘》中长发公主的裙子在旋转时看起来像贝壳一样僵硬。为了解决这一难题，他请来研究材料碰撞反应的计算机专家，两个人及其领导的团队经过数月的努力，终于找到了圆满的解决方案。

拥有一头美丽长发的长发公主（Rapunzel），是动画电影《魔发奇缘》（Tangled）中的明星。华特迪士尼电影公司的动画设计师第一次为她试衣打扮时，她穿着紫色百褶裙在镜子前面转啊转。转到一半的时候定格画面，设计师却发现她裙子的褶皱看起来像贝壳一样僵硬。这个问题困扰动画服装设计师已经很久了，也是动画制片人必须面对的挑战。

"从一开始我们就打定主意，要制作出比此前的（计算机绘图）作品更加精美的服装效果。"华特迪士尼动画工作室研究部的高级研究科学家拉斯马斯·塔姆斯托弗（Rasmus Tamstorf）说，"但是，当动画人物身着轻盈的多层服装四下活动时，服装不同层面之间会产生大量接触，特别是这些层面重叠起来时，就会带来麻烦。"

是降低对服装设计制作效果的要求，还是沿用大投入动画制片人的传统做法（采用人海战术，让许多动画工程师手工绘制这类复杂场景）来绕过这一挑战呢？塔姆斯托弗和他的团队认为，现在已经到了寻找新方法来解决问题的时候了。

他们联络了美国哥伦比亚大学工程学院的计算机科学家埃坦·格林斯蓬（Eitan Grinspun），他是研究材料碰撞反应的专家。从2002年起，格林斯蓬就迷上了这个领域。那一年，他拍摄了一顶牛仔帽掉落到地面然后弹起的过程。他花了数小时对这一过程的慢镜头进行仔细观察和研究，最终发现了能描述影响帽子弹起的变量之间相互作用的最简单方程。这些变量包括摩擦力、帽子的柔软度（弹性）和它触到地面时的动量。然后，他将该方程编写成简单的计算机代码，用来预测任何柔软可弯曲材料的运动，包括橡胶、织物，甚至金属薄片。

然而，想要描绘长发公主华贵礼服的运动，就得面对一个更大的挑战。对于多层服装，计算机必须对可能同时

发生的、数以千次的碰撞进行同步分析运算。当一个动画设计程序
被大量数据填满时，它就会自动进入故障保险（fail-safe）模式。
这是一个备用程序，能阻止服装织物层面之间产生新的碰撞。此前
的故障保险程序会让织物继续运动，但不允许层面之间相对运动，
于是产生了僵硬的贝壳状效果。经过数月的努力，格林斯蓬和塔姆
斯托弗及其团队终于找到了解决这个问题的办法。他们认为，故障
保险模式仍是必需的，但必须对它进行升级，允许织物层之间相对
滑动，而且要考虑摩擦力，因为摩擦力会影响织物的运动速度。这
样一来，他们制作的服装效果就栩栩如生多了。现在，格林斯蓬又
向下一个难题发起了挑战，即开发一个程序，用来精确预测头发的
运动，因为头发的碰撞模式远比服装复杂得多。

为什么有的番茄更美味?

撰文：费里斯·贾布尔（Ferris Jabr）
翻译：朱机

INTRODUCTION

为什么超市里的番茄红得透亮却不甜？是因为含糖量低吗？研究人员发现，含糖量低只是番茄不甜的原因之一，挥发性物质，也就是在果实被切开或咬开时会飘进我们鼻腔的化学物质，同样会影响番茄的风味。

红得透亮、结实饱满、光滑无斑，但是没有老式番茄香，这就是美国超市里的典型番茄。至少从20世纪70年代起，美国的消费者就吐槽水果虽漂亮却无味，农民种蔬果追求的不再是好吃，而是高产和经得住运输。近来，有机农业生产者和美食家开始捍卫老式番茄的优质风味，也就是那些形状、大小、颜色各异的传统品种。在2012年6月发表于《当代生物学》（*Current Biology*）杂志上的一篇论文中，研究人员详细分析了典型番茄和100多种老式番茄的化合物组成，并召集170名自愿者做了一项味觉测试。他们的新发现证实了科学家们近年来开始认识到的一点——番茄的风味不仅取决于果实内糖和酸的比例，也有赖于微量的芳香化合物，现代超市里的番茄缺乏的正是这些芳香化合物。

佛罗里达大学的哈利·克利

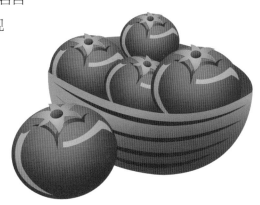

（Harry Klee）研究番茄的风味已有10年时间了。他说，超市番茄之所以有这样的缺陷，是因为农民希望植株结的果实越多越好。单株番茄上结的果实越多，每个番茄里的含糖量就越少。然而，在发现番茄风味不只取决于糖分之后，克利和同事们在3年前开始了一项新的研究课题——分析决定番茄风味的复合化合物。是否可以在不影响产量的同时增强番茄风味？克利认为，他的发现为这一问题提供了新的方法。

克利团队在佛罗里达大学的试验田和暖房里种植了152种不同的老式番茄，又从当地超市购买了一般的番茄。他们把切好的番茄片拿给自愿者试吃，自愿者在仔细咀嚼和品味之后，按口感和甜、酸、苦的程度以及整体风味一一打分，同时还要给出整体印象分，并表达爱吃的程度。正如所预测的，自愿者们都觉得糖分较多的番茄要比不那么甜的番茄更有味道，但含糖量并不能完全解释大家的偏好。挥发性物质，也就是在果实被切开或咬开时会飘进我们鼻腔的化学物质，同样影响番茄的风味。

根据克利的分析，番茄中含量最高的挥发性物质——C6挥发物——几乎不怎么影响人们对番茄风味的感觉，反而是另一种叫作香叶醛（geranial）的化合物，虽然含量没有那么高，却对番茄风味有很大影响。克利得出结论说，香叶醛会以某种方式增进番茄的整体风味，也许是增强番茄的芳香味。与老式番茄相比，超市番茄含有的香叶醛以及其他挥发性物质较少。"超市番茄就像淡啤酒。"克利说，"虽然该有的化合物都有，但含量都低。"

如果通过培育或基因改造能让番茄富含受试者喜欢的挥发性物质，那么科学家就可以生产出既不增加含糖量又特别香甜可口的番茄品种。

给碘盐加铁

撰文：黛安·马丁代尔（Diane Martindale）
翻译：贾明月

I NTRODUCTION

在碘盐中加铁能有效地预防缺铁性贫血，但碘和铁是不相容的：如果混合在一起，碘会挥发，铁也会降解。在努力了十多年之后，加拿大化学工程师从食品加工业中借鉴了一种叫作"微囊化"的技术，终于解决了这一难题。

在食盐中加碘的做法在全世界大获成功：发展中国家有2/3的家庭在食用碘盐，每年让8,200万儿童远离甲状腺疾病及由此引起的认知障碍。不过，其他微量营养素（micronutrient）的缺乏仍折磨着许多人。

多年来，食品科学家们一直在努力寻找强化碘盐的方法，让它可以预防缺铁性贫血和维生素A缺乏。缺铁性贫血影响着全世界20亿人，而维生素A缺乏折磨着贫穷地区至少1亿名儿童，并成为导致他们失明的首要因素。加拿大研究人员已经发明了一种实用的方法，可以对盐进行双重或三重强化。在应对营养不良方面，这种强化盐可能比基因改造食品更容易让人接受。

在碘盐中加铁，这件事情说起来容易、做起来难。这两种化学物质是不相容的：如果混合在一起，碘会挥发，铁也会降解。在努力了十多年之后，加拿大多伦多大学的化学工程师列文特·迪欧绍迪（Levente Diosady）终于解决了这一难题。他从食品加工业中借鉴了一种叫作"微囊化"（microencapsulation）的技术，将硬脂（stearine）喷涂在铁颗粒周围。硬脂是一种植物脂肪，可以为铁提供一个保护层，阻止铁与碘发生反应。

不过，将铁封入微囊只解决了部分问题。迪欧绍迪的研究小组还必须改变铁颗粒的外形，因为它是比盐颗粒小得多的深褐色颗粒。迪欧绍迪说："我们不能让铁看起来像盐里的老鼠屎一样。在一些食品污染严重的发展中国家，这个问题很重要。"

为了让铁看起来像盐，迪欧绍迪先用麦芽糖糊精（maltodextrin）喷射微型铁颗粒。麦芽糖糊精是一种经过改良的食物淀粉，可以像胶水一样把铁颗粒粘在一起，让它们结成盐颗粒大小的球体。随后，他将含有食用二氧化钛（一种增白色素）的热植物油喷涂在铁颗粒团周围，再把它们和碘盐混合在一起。这样，修饰过的铁微囊就很难

给盐加一点儿铁：强化铁盐能否被人们接受，关键在于铁看起来像不像盐。图中的小瓶从左至右依次为铁颗粒、被二氧化钛包裹的铁、碘盐、加铁的碘盐。

察觉了。维生素A也可以用类似的方法加入到碘盐中，做成三重强化盐。

在尼日利亚和肯尼亚进行的实地试验证明，双重和三重强化盐在湿热的气候中十分稳定，可以被当地居民接受。国际微量营养素行动组织（总部设在加拿大渥太华的一个非政府组织）在加纳对强化铁盐进行了试验。在8个月的时间里，在没有其他铁元素补充的情况下，贫血儿童的数量下降了23%。印度两家大型加工厂已经大规模采用了这项技术，国际微量营养素行动组织也在领导一项有360万学龄儿童参与的研究。

迪欧绍迪指出，食盐是提供微量营养素的理想载体，因为每个人每天都会消费食盐，而且相当便宜——在盐中加铁的成本大约是每千克1.7美分。"即使是最穷的人，也必须交换或购买食盐，世界上没有人穷到必须自己制作食盐。"他说。另外，对于特定人群，食盐的使用量也是几乎固定的，这让控制微量营养素的摄入量变得更加容易。与经过基因改造的食物相比，如富含维生素A前体（β胡萝卜素）的黄金大米，强化盐也更容易被人们接受——出于安全方面的担心和微量营养素可能不足的顾虑，黄金大米并没有被引入大多数发展中国家。

但强化盐也不能提供所有重要的营养元素。例如，维生素C的需要量十分巨大，仅用食盐来携带是不行的。盐的平均摄入量是每人每天10克，故而强化盐只能为人体补充营养，而不能提供全部营养。

奥瓦尔特·布伊（Howarth Bouis）认为，在食盐之类的商品中添加营养素，可以在城市中发挥作用，但这样的商品可能无法传递到所有需要它的人手中，尤其是偏远地区的穷困者。布伊是"生物强化"（HarvestPlus）国际研究项目的主管，该项目致力于使用经过营养强化的主食来减少微量营养素的缺乏。生物强化农作物可以通过传统作物栽培技术，或者基因改造技术来培育。布伊说，采用他们的策略，人们可以自行种植他们需要的、富含营养的食物——"为他们提供营养的应该是作物，而不应该是生产厂商"。不过，生物强化会改变食物的颜色，说服消费者接受这些食物可能会遇到困难。

大家都认为，均衡饮食是避免缺乏微量元素的最好方法。但是，对于发展中国家那些无法获得这种饮食的人们来说，强化盐也可以给他们补充营养。

话题三

深谙理化实验技术的当代大厨

当代欧洲的顶级大厨俨然是半个化学家，他们的厨房更像是一个化学实验室，里面有各种在传统厨房中绝对看不到的设备，如真空泵、离心机、均质机等。对于这些大厨来说，做菜不像是在做菜，倒像是在进行一次科学实验。他们采用真空浓缩、低温慢煮、超声波发生器处理、液氮浸泡、离心机分离等物理、化学手段对食物进行处理，无论在外形上还是口感上，都有新奇的突破。

真空低温也烹饪

撰文：韦特·吉布斯（W. Wayt Gibbs）
　　　内森·米尔沃尔德（Nathan Myhrvold）

翻译：王栋

I NTRODUCTION

　　将食物进行真空封装，再把它泡进热水里，真空低温烹饪就这么简单。传统烹饪将热量传递到食物表面的速度太快，导致食物表面和中心之间产生不小的温度梯度，真空低温烹饪则可以使食物缓慢达到设定的平衡温度。

到一家高档餐厅点一份三成熟的牛排，切开，或许你就能看到呈现出完美玫瑰粉色的切面——不仅仅中心区域如此，由内到外都是这样，只有最外面薄薄的一层是棕褐色。能够始终如一烹饪出如此美食的秘密惊人简单，却又非常强大，这种技术被称为真空低温烹饪法（sous vide，法语，意思是"在真空中"）。厨师们先将食物原料封入一种特殊的塑料袋中，通常是真空封装，但有时也封入空

气或其他气体。接下来，他们将食物连同袋子一起放入水中或者蒸汽炉中，以相对较低的温度（一般是50℃~65℃）缓慢烹煮数小时，甚至数天。

对那些已经习惯将烤盘上的牛肉放入大约980℃烤箱中的牛排餐厅厨师们来说，这种新式烹饪法似乎不那么正统。但是，从某种程度上来说，由于一些世界名厨，包括法国厨师若埃尔·罗比雄（Jol Robuchon）、西班牙厨师约安·罗卡（Joan Roca）和美国厨师托马斯·凯勒（Thomas Keller），对这项技术的支持，真空低温烹饪法已经迅速流行起来，甚至开始出现在家常烹饪中。

将食物进行真空封装，再把它泡进热水里，就这么简单！但这种方法对烹饪物理过程的改变会超出你的想象。通常，烹饪的目标是将食物加热到一个特定的温度，在该温度下食物能够被完全烹熟。对许多食物（如鱼和几种蔬菜）来说，这个温度的浮动范围很小。然而，在传统的烹饪方法中，锅、烤箱和烤炉将热量传递到食物表面的速度太快，从而导致食物表面和中心之间产生了不小的温度梯度。例如，在一块炭烧牛排的烹饪过程中，牛排表面以下薄薄的一层很快就会被加热到水的沸点，肉里的水分以水蒸气的形式流失；这一区域的温度要比牛排中心三成熟的区域高出30℃。热量还会由牛排外层持续向内部传递，甚至在牛排从烤炉中被取出之后仍是如此。

相比之下，使用真空低温烹饪法时，厨师们常把浸泡用水的温度设得比他们想获得的食物中心温度高一两度。电脑控制的加热器能将热水温度的误差控制在半度以内，使食物缓慢达到设定的平衡温度。因为温度不会过高，所以实际上根本不用担心烹煮过度，烹煮时间也就不那么重要了。真空封装能避免食物接触周围的空气，提高了食品的安全性，并极大减缓了氧化反应，这类反应可能导致不理想的色泽变化，甚至变味。真空低温烹饪法无法达到使食物焦黄的温度，但用喷灯快速燎烧或用锅迅速煎烤表面，任何一种表面色泽和酥脆口感都可以实现。这样一来，每一次烹调出的食物就都能达到"主厨级"的水平了。

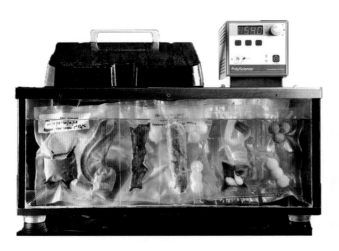

泡在热水里：厨师们能用真空低温法烹调出几乎所有的食物，包括图中所示的炖牛肉。

低温烹饪

撰文：韦特·吉布斯（W. Wayt Gibbs）
　　　内森·米尔沃尔德（Nathan Myhrvold）
翻译：王栋

INTRODUCTION

烹饪被定义为将某种食物加热到高温，使色泽、味道和品质发生化学变化。但低温技术为厨房带来了革命性的突破，大厨可以利用液氮让食物瞬间达到极低的温度，烹制出口感、质感和造型都很独特的冰激凌和汉堡。

自从人类发现火以来，烹饪大多是将某种食物加热到高温，使色泽、味道和品质发生化学变化。然而，低温技术的发明给予了大厨们一个令人兴奋的新工具——液氮，能让食物以有趣且惊人的方式发生变化。在烹饪研究实验室里，我们利用这种超低温液体来低温煎炸、低温破碎奶酪、低温研磨调料和低温绞肉，用它做出的速成冰激凌和美味汉堡简直棒极了。

很多年以来，大厨们能使用的最冷的东西是干冰（固态二氧化碳），它在–78℃会升华成二氧化碳气体。虽然干冰在烹饪上具有一些有趣的用途，但固体形态限制了它的应用范围。相比之下，氮的沸点要低得多，约–196℃，和0℃的温差相当于0℃与沸油的温差。与二氧化碳不同，由于氮在气化之前会先熔化，容易以液态的形式储存，因而可以方便地倾倒于食物上或者容器里。因为液氮的黏度只有水的1/5，表面

张力也较低，所以能很快地流入有粗糙或不规则表面的食物（如汉堡里的肉饼）的每一个角落和缝隙。我们实验室里的厨师首先将汉堡缓慢烹至半熟，然后将它在液氮中快速浸泡一下，冻结表面薄层，最后用油炸，结果烹制出了超级棒的汉堡。油炸能带来漂亮的金棕色酥皮，并能融化冻结的薄层，而不会让内部烹饪过度。

液氮还能更便捷地冷冻食物。西班牙大厨基克·达科斯塔（Quique Dacosta）用液氮将帕尔玛干酪泡沫冻成固体，再撒上速冻蘑菇粉，就做成了人造松露。液氮还能用来将黑莓快速分成一粒粒小果粒，或将油块粉碎成几分钟就能解冻的细小碎片。

要想冷冻食物而不损害其质感，关键就是冷冻速度。总的来说，冷冻得越快，形成的冰晶越小，对食物细胞结构的损伤也就越轻。从20世纪70年代起，大厨们就开始使用液氮来制作超级细腻的冰激凌了。最近，他们又开始用它来速冻精细的食物，如鹅肝。因为液氮是厨房里的一种新兴用品，所以这种多用途液体的其他用途还有待人们发现。

真空烹饪

撰文：韦特·吉布斯（W. Wayt Gibbs）
　　　内森·米尔沃尔德（Nathan Myhrvold）
翻译：红猪

INTRODUCTION

　　如何使一锅肉汤的香味更加浓郁？传统方法是用文火将汤里的水分煮沸蒸发，但在这个过程中，汤料中最鲜香的成分也会随着蒸汽四散逃逸。在这一方面，一台真空浓缩装置就显示出优势了，因为它是用低压而非高温来加速蒸发的。

众所周知，自然厌恶真空，但有些厨师却开始喜欢上了真空。在芝加哥，如果你从后门步入世界著名西餐厅——艾利尼亚餐厅，你会发现，一台台真空泵正在厨房中大显身手，它们将烹饪中的汁液浓缩成酱料，从水果和蔬菜中提取精油，从薯片里抽出水分或者将咖啡泡开。

　　这里的许多技术都源自化学实验室或食品工厂，这里的设备也更能调动科学工作者而非料理高手的热情。然而，利用那些烧瓶，一些富有创意的厨师却攀上了任何传统方法均无法企及的烹饪境界。

考虑一下这个常见的问题：如何使一锅稀薄的液态混合物（如肉汤）的香和味儿更加浓郁？传统方法是在灶台上用文火将汤里的水分煮沸蒸发，但在这个过程中，汤料中最鲜香的成分也会随着蒸汽四散逃逸。这或许会让厨房里香气四溢，但代价是剩下一锅寡淡无味的汤。不仅如此，对留在锅里的成分而言，长时间加热也会改变它们的化学构成，失去新鲜感。在这一方面，一台真空浓缩装置就显示出优势了，因为它是用低压而非高温来加速蒸发的。烹饪时，将汤

汁倒入侧面有开口的烧瓶，用一根橡皮软管，把侧面开口与真空泵连接起来，再在烧瓶里放入一根磁棒，塞上塞子后放上电炉。电炉会使磁棒旋转、搅拌并微微加热肉汤，真空泵则用来降低烧瓶内的气压。而当气压降低时，烧瓶中的液体的沸点也会跟着降低。这套装置的目标就是维持一种温和、低温的滚沸状态。

虽然这种相对简单的装置能减少化学反应，但还是会让一些芳香分子通过橡皮管逃逸出来。有一种更昂贵，也更复杂的装置叫作"旋转蒸发器"（rotary evaporator），可以捕获这些蒸发逃逸的美味，将它们重新浓缩成液态。在我们位于美国华盛顿州贝尔维市的研究厨房里，厨师们正是靠这项技术来浓缩苹果汁、卷心菜汁和醋，做出了一道奇妙的红色凉拌卷心菜。另外，浓缩的西瓜汁也是一道美食。

用超声波烹制炸薯条

撰文：韦特·吉布斯（W. Wayt Gibbs）
　　　内森·米尔沃尔德（Nathan Myhrvold）

翻译：陈筱歪

INTRODUCTION

你吃过用超声波发生器处理过的法式炸薯条吗？这些出自21世纪的烹饪精品不同于你以往吃过的任何油炸食品，当你咬碎薯条的外层，清脆的"咔嚓"声响起后，会露出像土豆泥一样、柔滑得难以置信的内层。

这是西方最常见的快餐食品，至少在过去3个世纪里，它都以这样或那样的形式出现在人们的餐桌上。所以，你也许会觉得平凡无奇的法式油炸食品确实没什么新意可言。但在几年前，英国名厨赫斯顿·布卢门撒尔（Heston Blumenthal）却使这种想法成为过去时。他和研究主厨克里斯·杨（Chris Young）发明了一种三重烹饪薯条，这种薯条的味道和口感会让你对汉堡快餐店里的任何食品失去食欲。还有一些厨师甚至在这条路上走得更远。美国纽约市法式烹饪研究所的尼尔斯·诺伦（Nils Noren）和戴夫·阿莫德（Dave

Amold）在一位波兰人的研究基础上，找到了改善油炸食品内部质感的方法——用酶处理马铃薯。酶可以分解油炸食品中的胶质物质，使口感更加柔滑。

受到这些大胆尝试的启发，我们实验室里的几名研究主厨开发出了多种方法，希望制作出更加美味的油炸食品。有一种方法的效果非常理想，食品成分也很简单，但制作过程却极其特别。先将薯条泡在2%的盐水中，然后真空封存，隔水烹煮，最后用牙医或珠宝商常用的超声波发生器发出高强度声波，持续处理薯条。在40千赫兹的超声波下，盐水中会出现大量细微的气泡，并随即破裂。因此，经过较长时间的处理后，每根薯条表面就会布满裂纹和气泡。

下一道工序是将预先处理过的薯条真空干燥，使表面的水分适中，然后把它们放入170℃的油中，并迅即捞起，目的是使交织在薯条表面的淀粉分子网络更加紧密。冷却后，就可以进行最后一道工序——浸入190℃的油中。这时，薯条表面的细微气泡里的水分会迅速气化，使气泡体积膨胀到原来的1,000多倍，致使气泡破裂。经过几分钟油炸，法式薯条会具有毛皮一般的外表。

这些出自21世纪的烹饪精品不同于你以往吃过的任何油炸食品。当你咬碎薯条的外层，清脆的"咔嚓"声响起后，会露出像土豆泥一样、柔滑得难以置信的内层。尽管加工过程需要几道工序，但对食品生产厂家来说，完全可以做到自动化处理。或许不久后，当你坐在快餐店里时，再也不用对着疲软而毫无生气的油炸食品发愁了。

产自离心机的美味佳肴

撰文：韦特·吉布斯（W. Wayt Gibbs）
内森·米尔沃尔德（Nathan Myhrvold）
翻译：红猪

INTRODUCTION

大厨们纷纷把化学实验室的超级离心机搬进厨房，这类机器能以每分钟数万转的速度旋转，由此产生的离心力可达地球重力的3万倍。只需几分钟，食材就能被分出泾渭分明的数层，厨师们可以轻而易举地把所需部分倒出。

高档餐厅的厨房纷纷添置了一种新设备，那就是之前只在医学实验室和大学化学系中出现的离心机。这种超级离心机的体积较大，尽管外表有点儿像洗衣机，但旋转环在威力上远远超出其他家电。它们能将玻璃瓶以每分钟数万转的速度旋转，由此产生的离心力可达地球重力的3万倍。

乍一看，这股粉碎性的力量会将任何食材破坏殆尽，但实际上，强大的假重力只会将浓汤之类的流质食物分离成各种固体和液体成分。就拿

法式浓汤中的西红柿来说，在离心之后，它的皮和肉会在玻璃瓶底部沉淀，形成一层致密的圆盘；水分会在瓶子中段聚集成透明的一层；鲜美异常的油则会浮在上面。

大厨们之所以觉得离心机好用，主要有两个原因。一是离心机节省时间。自然分离过程耗时漫长，如从蔬菜浓汤中分离出油，在自然重力的作用下要持续好几天，而在2万倍重力的离心力下，只要几分钟就能完成，结果也比自然条件下可靠得多。二是这种烹饪工具能将食材中的成分分得一清二楚，这是它的最大卖点。食材从离心机里出来时已经形成了泾渭分明的数层，大厨能够轻而易举地将所需的部分倒出或者舀出。

就许多食物而言，高速旋转还能将它们内部的香味分子凝聚成异常鲜美的液体层，使之便于烹饪。例如，大厨能将西红柿浓汤加以离心，只取其中的水和油，做出具有强烈西红柿香味、却又绝对清爽的清汤。我们在美国华盛顿州贝尔维尤有一座烹调实验室，在专门用于研究的厨房里，就有几位大师傅以胡萝卜为素材，以超级离心机为工具，制作出甜美、香浓的胡萝卜素奶油。不单是胡萝卜，离心机还能有效地分离出所有蔬菜和坚果中的脂肪。然后，你就可以利用提纯的脂肪制作合成奶油，它的成分和乳制奶油类似，但滋味鲜美，出人意表。又因不含乳制品，所以连素食主义者都能食用。

要做出口感通透、顺滑的汤汁或酱料，就必须设法去除那些舌头可以分辨的固体颗粒，即直径大于7微米的固体颗粒。这个用过滤器等烹饪器具也能做到，只要肯花时间、花工夫就行。但离心机毕竟更加方便，只要把混合物倒进瓶子，在超级转子上固定好，然后按下"开始"键，一切都妥了。

美味纳米汤

撰文：韦特·吉布斯（W. Wayt Gibbs）
内森·米尔沃尔德（Nathan Myhrvold）
翻译：红猪

INTRODUCTION

在水中滴些油制成乳液有助于获得柔滑的口感，但想让极性的水和非极性的油亲密结合，可不是一件容易的事，搅拌器往往无法胜任，幸好21世纪的厨师有很多新式武器——定转子均质机、超高压均质机、超声波均质机……

要获得柔滑的口感，最好的做法是在水中滴些油（反过来也行），这个过程叫乳化，得到的混合物就是乳液（emulsion）。奶油、黄油和巧克力都是乳液，肉汤、加醋油沙司（vinaigrette）和奶酪也是。但乳液一旦断层，结果就可能惨不忍睹：那是调味瓶最上面的一层脂肪，是只有油、没有醋的色拉酱，是一碟盖着油腻黏液的墨西哥玉米片。

制作乳液需要克服某些强大的自然力。水和油相互排斥与电荷有关。从带电的情况来看，一个水分子是不平衡的，这样一来，水分子的原子就会产生一个极化电荷（polar charge）。然后和其他水分子排列在一起，形成一个个小团体——水滴。相反，油分子是非极性的、疏水的。要让极性和非极性的液体亲密结合，那可得花上好大的力气。

　　要做到这一点，搅拌器往往无法胜任。人类的舌头能够分辨直径仅有7～10微米的微粒（包括液滴），而搅拌器最多只能将食物切割到10～12微米的大小。在我们的研究型厨房里，厨师在研究无蛋蛋黄酱（eggless mayonnaise）的配方时，用到了一台定转子均质机（rotor-stator homogenizer）。这台小型机器有一把小刀片（转子），能在一个带小槽的金属护套（定子）内，以每分钟2万转的速度旋转。巨大的剪切力将液滴切割成直径仅有几微米的颗粒。

　　为了做出另一种要求更高的食物，即符合犹太教规、

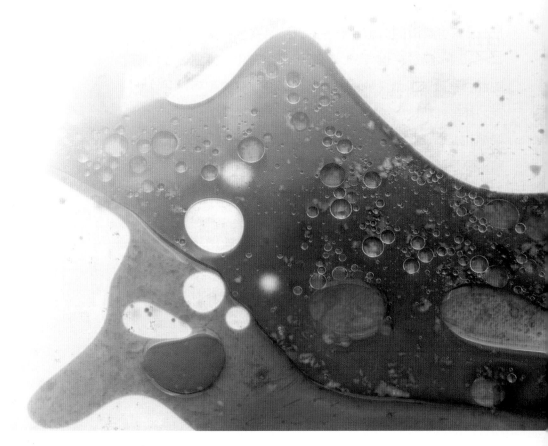

不含乳制品的小牛"奶油"，我们动用了更大的家伙——一台超高压均质机。这台机器的尺寸相当于一个大水槽，它先将混合液体加压到每平方英寸25,000磅（172,368,932帕），然后将液体挤进一面金属壁，粉碎成直径不足1微米的液滴。这样做出的"奶油"美味异常。

在最细腻的乳液中，液滴的直径只有几纳米（1纳米=10^{-9}米）。它们实在太小，以致乳液都几乎透明。激浪汽水（mountain dew）就是一种纳米乳液。为了将提取自百里香（thyme）和月桂叶（bay leaf）的香精油加工成透明的纳米乳液，进而做出冷冻鸡汤，我们的厨师就需要一件能够手持的工具，因为汤里的液体实在太少了。

我们想到了超声波均质机，它能将几百瓦的电力转换成高频声波，使液体形成微小气泡。这些气泡随即发生爆炸，将液滴撕碎。这道汤，可是喝得相当高调。

用微波炉测量光速

撰文：韦特·吉布斯（W. Wayt Gibbs）
内森·米尔沃尔德（Nathan Myhrvold）
翻译：冯志华

INTRODUCTION

微波炉是用光波来烹调食物的，微波炉发出的光波的波长约为12.2厘米，频率为2.45千兆赫，食物表层的水和油会吸收波的能量，转化为热能。如果你有兴趣，还可以利用微波炉来验证光的传播速度为30万千米/秒。

现在，大多数家庭的厨房都配有微波炉，这的确是一种随处可见的现代烹调器具。不过，功能多样的微波炉所具备的潜力依旧被低估了。除了加热食物、制作爆米花以外，很少人知道微波炉还有更复杂的功能，这简直是大材小用。要知道，利用微波炉，可以烹调出非常棒的菜品。有时，你甚至可以用微波炉测出宇宙中一些基本的物理学常数。

为了深入挖掘微波炉的潜能，你需要知道它是用光波来烹调食物的，就和烧烤炉差不多，除了波长不一样：微波炉发出的微波的波长约为5英寸（合12.2厘米），要比煤炭发出的红外线的波长长得多。微波的频率通常为2.45千兆赫，水分子会以这个频率发生共振，脂肪分子的共振程度稍弱。

食物表层约1英寸（合2.54厘米）的水和油会吸收微波的能量，转化为热能，食物周围的空气、盘

子以及炉腔四壁却不会变热。微波的穿透能力并不强，因此，如果你要用微波炉烹制一整块烤肉，简直就是一场灾难。不过，食材如果是一条扁平的鱼，那就不同了。在我们的研究厨房中，厨师发现了一个绝妙的方法，可用微波炉烹制出美味的罗非鱼：首先在鱼身上撒上一些葱花和姜片，泼上少许料酒，再用保鲜膜将鱼紧紧蒙上，然后在600瓦的功率下，加热6分钟，最后洒上一些热花生油、酱油以及芝麻油。

很多厨师会感到困惑，如何将功率调整为600瓦？为了在指定功率下加热食物，我们需要调节微波炉的功率。通常，微波炉的最大功率为500～1,000瓦，而每个微波炉的功率调整旋钮会把最大功率平均分为几挡，这样你就可以根据自己的需要来设定。油煎欧芹（parsley）需要在600瓦下加热约4分钟。为了将卤过的牛肉条加热成牛肉干，需要在400瓦的功率下加热5分钟，其间还要每隔一分钟翻动一下牛肉片。

如果你还懂点儿数学知识，可以做一个爱因斯坦会很喜欢的厨房实验——证明光的传播速度的确是30万千米/秒。先将一些奶酪涂抹在一个冻过的比萨饼上，再将比萨饼放到纸盘上，然后用微波炉低功率加热，直到发现几处溶解点为止。做这个实验不需要旋转加热，所以如果你的微波炉有旋转盘的话，需要将纸盘支撑在上方，以避免旋转，而后再测量这些点之间的距离。这一距离就是光波波长的一半。将这一距离乘以2，再乘以24.5亿（微波的频率），得到的结果就是微波炉中"活蹦乱跳"的光波的传播速度。

啤酒面糊煎炸更美味

撰文：韦特·吉布斯（W. Wayt Gibbs）
　　　内森·米尔沃尔德（Nathan Myhrvold）
翻译：王栋

INTRODUCTION

　　如果你发现炸鱼薯条中的鱼肉嫩多汁，皮超级酥脆，那么这道炸鱼所用的包裹面糊很可能是厨师用啤酒来调配的。啤酒中有三种对烹制很有用的成分——二氧化碳、发泡剂和酒精，这三种成分到底各自能起到什么作用呢？

你走进酒吧点了一份美味的炸鱼薯条餐，如果发现鱼肉嫩多汁，皮超级酥脆，那么，这道炸鱼所用的包裹面糊很可能是厨师用啤酒来调配的。啤酒是煎炸用裹面糊的绝好原料，因为它同时提供了三种成分——二氧化碳、发泡剂和酒精，每种成分为啤酒提供了不同的物理和化学特性。因此，用啤酒面糊制成的油炸食品，表皮色泽鲜亮，口感酥脆松软。

　　大多数固体，如盐和糖，在热液体中的溶解度比在冷液体中更高。气体却刚好相反，在低温下更容易溶解到液体中。啤酒中充满了

二氧化碳，如果把啤酒加入面糊，则遇到热油时，啤酒中的二氧化碳溶解度就会急剧下降，释放出二氧化碳气体并产生大量气泡，使面糊膨胀，从而带来完美的酥脆口感。

当然，如果像香槟里的气泡那样刚一产生就立即破裂，那么它们是无法产生这种效果的。把啤酒倒入酒杯时，啤酒顶层会形成厚厚一层泡沫并保持很久，这是因为啤酒里含有发泡剂。在这些发泡剂中，有啤酒酿制过程中自然产生的蛋白质，还有一些酿酒商加入的、能产生细腻持久泡沫的原料。这些发泡化合物能形成薄膜，包裹在气泡表面，减缓气泡破裂的速度。

泡沫还能有效地隔热。把一块包裹着啤酒面糊的鱼放入油锅里煎炸时，大部分热量会被导入面糊，却不会进入包裹在里面的柔嫩鱼肉。充满泡沫的面糊温度肯定远高于130℃。在这个温度下，一种被称为美拉德反应（Maillard reaction）的机制会带来金棕色的表皮和美妙的油炸风味，同时内部的鱼肉也能被柔缓地煨熟。

在降低内部温度和使表皮松脆方面，啤酒中的酒精也起到了重要作用。酒精比水蒸发得快，所以啤酒面糊的烹制时间比仅由水或牛奶制成的面糊要短。面糊干得越快，烹制过度的风险就越低。如果厨师的动作足够快，他就能烹制出具有漂亮金棕色表皮和经典啤酒面糊酥脆口感的油炸食品。

美拉德反应

又称羰胺反应，是以法国化学家路易斯·卡米耶·美拉德（Louis Camille Maillard）的名字命名的反应，一百多年来，被普遍地应用于食品制造和烹饪中。它指的是食物中糖类与氨基酸／蛋白质在常温或加热时发生的一系列复杂的反应，生成棕黑色的大分子物质——类黑精，或称拟黑素。除产生类黑精以外，反应过程中还会产生成百上千个气味不同的中间体分子，包括还原酮、醛和杂环化合物，这些物质为食品提供了可口的风味和诱人的色泽。

球形美食

撰文：韦特·吉布斯（W. Wayt Gibbs）
　　　内森·米尔沃尔德（Nathan Myhrvold）

翻译：朱机

INTRODUCTION

你知道可爱的球形食品是如何做出来的吗？现代大厨开发出两种成球的方法——直接成球法和逆转成球法。这两种方法都需要凝胶剂和带有电荷的离子或分子交联剂，只是两者与食材混合的顺序刚好相反。

几年前，著名大厨费兰·阿德里亚（Ferran Adrià）在他的牛头犬餐厅为食客奉上了一碟鲜橙色鱼子酱，或者说，形如鱼子酱的东西。当一颗颗圆球入得口中，哈密瓜汁顿时爆发而出。自这道欺骗食客眼睛的传奇佳肴起，阿德里亚与另一些大厨开创了更多奇特菜品，如裹以透明蛤蜊肉汁的蛤蜊肉球。

品尝这些球形美食，不由让人回忆起儿时常在口中用舌头将食物滚成滑溜圆球的乐趣。然而，要制作出这些甜点并非易事，其中凝聚了多位化学家的努力。大厨们开发出两种成球的方法——直接成球法和逆转成球法。无论哪种方法，都只有在存在离子和带有电荷的分子的条件下，才能让胶凝混合物成形。

直接成球法是将食材倒入融有凝胶剂（如海藻酸钠或卡拉胶）、但不含具有凝结作用的离子的浓汤或果汁里，同时另外准备含有相应离子（如葡萄糖酸钙）的溶液。然后把汤汁滴入或盛在勺子里，放入准备好的溶液中，胶凝反应便立刻开始了。

在表面张力的作用下，液滴形成了美妙的球形。如果只是很快过一下，液滴外就会形成一层一咬即破的薄膜；如果长时间浸泡，裹着液滴的这层膜便会很有嚼劲。冲洗掉圆球外的液体，在85℃加热10分钟，就可以终止胶凝反应。

逆转成球法则是相反的过程：将乳酸钙或其他形式的钙离子加入浓汤或果汁（如果食材本身富含钙离子，这一步就可以省略了）。未凝结的凝胶剂则用不含钙的去离子水或蒸馏水溶解。一旦把汤汁倒入，含凝胶剂的液体便会在汤汁外形成一层膜。我们实验室的烹饪小组利用成球技术制作出的水晶弹球，就是用番茄汁裹住一颗颗罗勒油（basil oil）做成的。我们还发现，利用这种超凡的技术可以做出外表几可乱真的生"鸡蛋"，材料是水、火腿上汤（蛋白）和香瓜果汁（蛋黄）。口感之美妙更胜外形！

话题四

于细微处见神奇的纳米技术

纳米是一个非常小的长度单位，也称毫微米，即10^{-9}米，大致为几十个原子排列起来的长度。自从扫描隧道显微镜发明后，世界上便诞生了一门以0.1～100纳米这样的尺度为研究对象的前沿学科，实际上就是用单个原子、分子制造物质的科学技术。当物质小至纳米尺度以后，性能有可能会发生意想不到的变化。这种具有特殊性质的材料被称为纳米材料。目前，纳米技术已成为当今社会最有前途的决定性技术，研究范围十分广泛，包括纳米生物学、纳米电子学、纳米材料学、纳米机械学、纳米化学等。

细菌的致命陷阱

撰文：蔡宙（Charles Q. Choi）
翻译：刘旸

INTRODUCTION

细菌通常带负电，如果遇到带正电的有机导体多聚物，一定会黏附上去。美国科学家利用这一原理制成的有机导体多聚物空心胶囊，只需一小时便可杀死近95%的细菌。

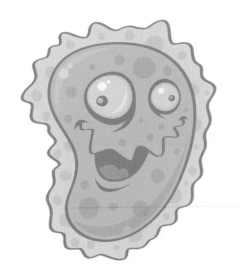

有机导体多聚物可以被制成空心胶囊，从而成为细菌的陷阱。微生物普遍带有负电，当遇到从带正电的笼子表面伸出的薄片或细丝时，就会黏附上去。胶囊遇光会生成一种活性极高的氧分子，这种分子对细菌有毒性，只需一小时便可杀死近95%的细菌。这种胶囊是美国佛罗里达大学和新墨西哥大学的科学家发明的，可用作医疗仪器等多种设备的表面材料。研究成果于2008年11月24日发表于美国化学学会的《应用材料与界面》（*Applied Materials & Interfaces*）杂志上。

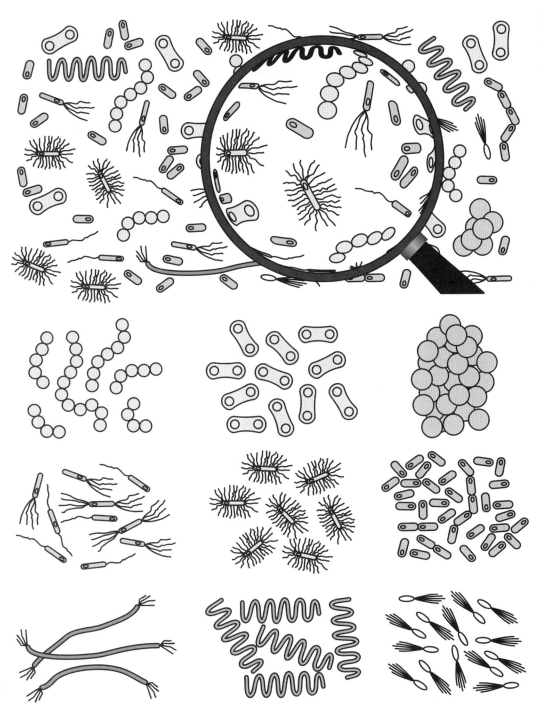

细胞受体磁控制

撰文：明克尔（JR Minkel）
翻译：刘旸

I NTRODUCTION

　　细胞的种种行为，如分泌激素或破坏病原体等，都是由细胞表面的受体蛋白引发的。美国科学家用直径30纳米的氧化铁小珠使受体聚集并活化，从而实现了受体活化的人为控制。

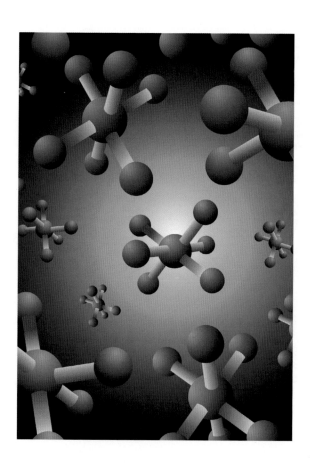

细胞依靠散布于表面的受体蛋白来感受周围环境。这些受体锁定特定分子，引发一系列生化事件，进而引起种种细胞行为，如分泌激素或破坏病原体等。要想激活受体，往往要让受体先彼此结合。美国哈佛大学的唐纳德·英格伯（Donald Ingber）及其同事向人们展示，将氧化铁小珠通过二硝基苯（DNP）结合到产组胺肥大细胞（histamine-producing mast cell）表面的受体上，这种受体的活化便可人为控制。在外加磁场的情况下，这些直径30纳米的小珠会彼此相吸，从而使受体聚集并活化。在此过程中，研究人员检测到细胞内出现了一个钙离子峰，这是分泌组胺的第一步。此项技术可以使用来检测病原体的生物传感器变得更加轻便、节能，体内药物运输技术也会由此受到启发。2008年1月的《自然－纳米技术》（*Nature Nanotechnology*）杂志对这项研究进行了报道。

受体

  指细胞膜或细胞内的一种特异的化学分子，绝大多数是蛋白质，能与细胞外专一信号分子（配体）发生特异性结合，引起细胞反应。受体与配体结合即发生分子构象变化，从而引起细胞反应，如介导细胞间信号转导、细胞间黏合、细胞胞吞等细胞过程。

单分子马达

撰文：罗斯·埃弗莱斯（Rose Eveleth）
翻译：赵瑾

INTRODUCTION

　　美国研究人员制造出了世界上最小的马达——只有一个分子那么大。这种马达是一个丁基甲基硫醚分子，由电子流驱动。如果能让它在人类的控制下运作，就能利用它做很多事。

多年来，世界上最小的马达的直径为200纳米。它确实很小，只有一个红细胞的1/40。但美国塔夫茨大学的查尔斯·塞克斯（Charles Sykes）及其团队目前已经打破了这个纪录，他们所制造的马达是直径仅有1纳米的单个分子。与其他较大的马达不同，这种马达不是由化学反应或光能驱动的，而是用电子流来驱动。荷兰代尔夫特理工大学的约翰尼斯·塞尔登豪斯（Johannes Seldenthuis）说："其实已经有很多人设计过这类分子马达，但能真正运作的，这还是第一个。"

　　现在，让我们看看塞克斯及其团队是如何制造这种马达的。这

分子马达

　　狭义上指分布于细胞内部或细胞表面的蛋白质，它们负责细胞内一部分物质或者整个细胞的宏观运动，参与胞质运输、DNA复制、细胞分裂、肌肉收缩等一系列重要生命活动。

种马达是一个放在铜块表面的丁基甲基硫醚（butyl methyl sulfide，BuSMe）分子。BuSMe分子的一端是一个硫原子与四个碳原子，另一端则是一个碳原子。研究人员调低扫描电子显微镜，使它贴近铜块表面。电子显微镜释放出电子流，激发BuSMe分子内部的电子，使之来回旋转。由于这种分子是不对称的（该分子以硫原子为转轴，一个转臂为四个碳原子的丁基，另一个转臂为一个碳原子的甲基。当它旋转时，就会在显微镜下呈现出下图中齿轮状的样子），它的旋转会倾向于同一方向。渐渐地，受激分子就会沿着平面移动。

虽然这听起来并不像是马达，但它与人体内的分子马达却十分相似。塞克斯说："如果你见过生物马达就会知道，它们只是在那里晃来晃去，看上去似乎根本没发挥什么作用。"实际上，我们身体里有很多这样的结构。例如，细胞膜中就分布着许多将离子导进导出的分子泵。另外，还有一些细胞马达，会将物质从细胞中的一个区域运载到另一个区域。

这就是单分子马达的重要意义所在。塞克斯说："如果你能让它们在你的控制下运作，你就能利用它们做很多事。"如果研究人员能真正复制出细胞膜中的那种分子泵，那他们就可以用这些分子马达做一些非常高效的实验——把实验设备搬到微小的芯片上能减少每次实验所需的空间、费用和时间。

在铜块表面旋转的单分子马达。

分子密码锁

撰文：艾利森·斯奈德（Alison Snyder）
翻译：贾明月

I NTRODUCTION

以色列科学家研制出了一种单分子级密码锁，只有遇到正确的化学和光序列时才会被激活。例如：遇到碱性分子，随后是紫外光时，密码锁会发出蓝光；而如果先遇到酸性分子，然后是碱性分子，最后是紫外光时，密码锁会发出绿光。

以色列的化学家发明了一种分子，可以用来制作密码锁，用起来就像在家用安全系统的小键盘上输入密码一样。这种分子很像细菌分泌的一种含铁化合物，当一组紫外线和两个化学信号激活它的荧光分子时，分子锁就被"打开"。接下来，发光分子携带的信息就可以对使用者进行认证，或者触发另外一套程序。这种分子"密码键盘"依赖于荧光，因此，即使只有一个分子，也同样可以发挥作用。另外，当对密码的尝试多于一次时，分子就会堆积，从而造成分子锁的堵塞，并阻止进一步的尝试。研究者建议，该装置可以和现有的基于分子的密码系统一道，用于保护高度机密的信息。一个未经认证的人即使知道锁的位置和解锁密码，数据也依然是安全的。该成果发表于2007年1月17日的《美国化学学会会刊》（*Journal of the American Chemical Society*）上。

用阳光来制造氢气

撰文：埃里克·斯莫利（Eric Smalley）
翻译：Joy

INTRODUCTION

近年来，利用二氧化钛光催化剂分解水制备氢气作为一项大有希望的研究课题在世界范围内被广泛研究，但是还存在氢气转换率低的问题。最近，美国科学家利用6微米长的二氧化钛纳米管将氢气的转化效率提高了12%以上。

通往氢经济（hydrogen economy）的道路正在变得更加"光明"。现在，分解水分子释放氢气的纳米管可以更加有效地工作，而且它们很快就能利用阳光中的可见光部分了。

在工程上，利用阳光来分解水有三种方式：一种是太阳能电池，它保持着水分解效率的记录，但相当昂贵；另一种使用微生物，它并不昂贵，但目前只能产生极少量的氢气；第三种是光催化法，它依赖于半导体中短暂出现的游离电子（freed electron）——与水分子接触的电子会替换氢－氧化学键中的电子，这样，它们就能将水分解，产生氢气。光催化剂可能比太阳能电池更便宜，产生的氢气也比微生物法更多。

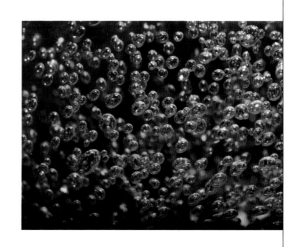

问题在于，用于水分解的光催化剂必须在水中才能工作，这些光

催化剂只对紫外线发生反应，而紫外线在阳光中大约只占4%。那些能够吸收阳光辐射中更丰富的可见光部分的物质，本身又容易在水中分解。

科学家已经转而使用二氧化钛纳米管来解决效率问题。管状二氧化钛的效率约为传统薄膜状二氧化钛的5倍，因为管状的外形可以使电子更持久地保持自由状态。因此，一个电子拥有更多的机会来分解一个水分子。

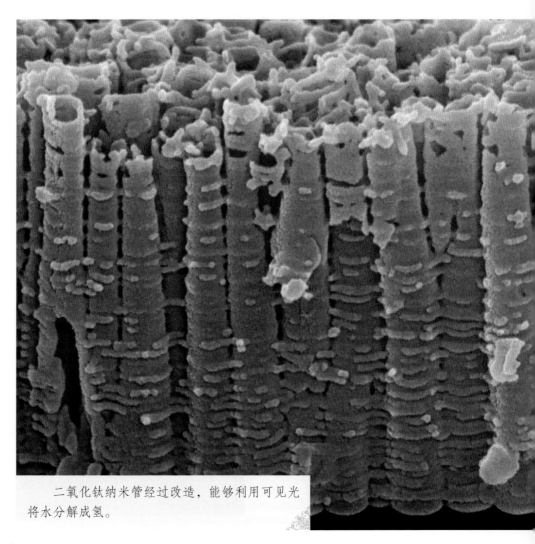

二氧化钛纳米管经过改造，能够利用可见光将水分解成氢。

美国宾夕法尼亚州立大学电气工程师克雷格·格里姆斯（Craig Grimes）和他的团队，已经成功利用6微米长的二氧化钛纳米管，将紫外线到氢气的转换效率提升到12%以上。在1瓦特紫外线的照射下，纳米管每小时可以产生80毫升的氢气，这是纯光催化系统的最高效率记录。

现在，两个科研团队——美国得克萨斯大学奥斯汀分校的化学家艾伦·巴德（Allen Bard）和同事，以及宾夕法尼亚州立大学的研究者——已经开始设计能够对可见光发生反应的二氧化钛纳米管了。他们把碳加到二氧化钛纳米管中，使纳米管吸收的光波波长向电磁波谱的可见光部分偏移。巴德说，在一种人造的紫外线和可见光的混合光源照射下，这种偏移令水分解的效率增加了1倍。他们的下一步计划是，开发一种能够在纯可见光下仍然保持高效的纳米管材料。

这两个团队的目标是，将二氧化钛纳米管在可见光中的水分解效率提升到10%以上，这是美国能源部近几年内的目标。格里姆斯进行过计算，如果用一种在可见光下效率可达12%的光催化剂来覆盖美国一户普通人家的屋顶，那么它每天制造的氢气约相当于11升汽油。

更听话的纳米 "积木"

撰文：蔡宙（Charles Q. Choi）
翻译：肖伟科

I NTRODUCTION

　　纳米颗粒同时具备了微小原子和大块常规材料的特性，具有很广泛的应用价值。但它们通常呈球形，很难装配成固定的结构。最近，在制造和使用这些纳米结构方面，研究人员取得了突破性的进展。

纳米颗粒是研究人员很感兴趣的一种结构模块，它同时具备了微小原子和大块常规材料的特性。然而，它们通常呈球形，很难装配成固定的结构，只能像水果店里的橘子一样堆在一起。最近，在制造和使用这些过去难以操纵的纳米结构材料方面，研究人员取得了巨大的进展。

　　在2007年1月19日出版的《自然》（*Nature*）杂志上，美国麻省理工学院的材料科学家弗朗切斯科·斯泰拉奇（Francesco Stellacci）和同事们介绍了一种

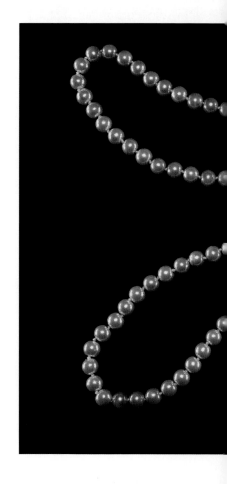

方法，能够使纳米颗粒变得像链条上的链环一样，彼此勾住，形成一串珠链。这种方法利用了所谓的"毛球定理"（hairy ball theorem），即对于一个表面覆盖着毛发的球体来说，如果想要抚平球上的所有毛发，必定会有两束毛发笔直地竖立着，分别位于相对的两个极点上（想象一下，如果沿着纬度线方向抚平地球仪上的毛发，那么最后两极处的毛发都会竖立起来）。

研究人员在金纳米颗粒的表面，覆盖了两种含硫分子构成的"毛发"。这些毛发竖立的地方就是金纳米颗粒表面的不稳定瑕疵——这里的毛发很容易被其他物质取代。斯泰拉奇小组用化学物质替换了这些毛发，这些化学物质能像手柄一样，让纳米颗粒彼此连接起来。

美国斯坦福大学的材料科学家崔屹（Yi Cui）指出："这让纳米颗粒变得像个原子——准确地说，是一个有两个化学键的二价原子。这样，我们就能用它们来制作一些真正有趣的结构，就像将原子组合成分子一样。"斯泰拉奇介绍说，他的小组正在探索能够让每个纳米颗粒具有四个"化学键"的方法。

这些纳米结构能够和纳米线连接，制造先进的电子器件。研究人员可以用两种方法来制造纳米线：自下而上地装配或自上而下地蚀刻。前者要把每一个细微的、松散的、通常杂乱分散的原料整合成可用的电气设备，面临的技术挑战可想而知；相对而言，后者倒可以运用许多传统工业技术，如"类似钢锯的设备"，美国耶鲁大学的生物医学工程师埃里克·斯特恩（Eric Stern）解释说。传统技术制得的纳米线表面粗糙，影响了电气性能，斯特恩等则克服了这个困难。

在2007年2月1日出版的《自然》杂志上，耶鲁大学的研究人员

附着在蚀刻纳米线（蓝色线条）上的抗体（蓝色和红色的Y形物体）可以探测溶液中的其他抗体，实现快速诊断。图中的长方形物体是电接点。

介绍了一种制造高质量光滑表面纳米线的蚀刻方法。这种方法的关键在于使用了一种名为TMAH（四甲基氢氧化铵）的铵盐。在当前采用过的所有溶剂之中，TMAH蚀刻硅的速度最缓慢，过程最平稳。耶鲁大学的生物医学工程师塔里克·法赫米（Tarek Fahmy）补充说，这项新技术与标准的半导体工业流程兼容，有助于将纳米线集成到电子器件之中。

事实证明，这些纳米线对环境因素非常敏感，与分子接触就能引起电压变化。它们能够感应细胞释放的酸性物质，从而在10秒钟内，探测到T细胞受外界物质刺激而发生出的活化反应。相比之下，常规的标记抗体化验方法通常需要几分钟乃至几个小时，才能查出这样的活化反应。研究人员还发现，只要致癌分子的密度高于每立方毫米60个，附着抗体的纳米线就能检测到这种分子，其灵敏度足以与目前最先进的传感器相媲美。

美国约翰·霍普金斯大学的免疫学家乔纳森·施内克（Jonathan Schneck）说："有了用这类纳米线制成的设备，我们就能在急救室、办公室、战场等任何场合，现场为患者进行快速诊断。就提高设备反应速度而言，这种纳米线是我见过的最具潜力的工具。"

分子载体

美国加利福尼亚大学河滨分校的路德维格·巴特尔斯（Ludwig Bartels）领导的小组首次设计出了一种能够在平坦表面上直线移动的分子。现在，研究人员可以用这些分子来拖运"货物"了。他们借助有机化合物蒽醌（anthraquinone）来搬运和释放两个二氧化碳分子，就像一个人每只手提了一个购物袋一样。掌握这种传送分子和原子的方法能帮助工程师更加方便地运送原料，装配纳米设备。

接下来，研究人员打算让分子载体学会转弯，能够操纵它们的货物，或者发射光子表明自己的位置。巴特尔斯介绍说，他的小组也许还会"为它们添加能够感受光刺激的'肌肉组织'"。

宝石上的纳米管

撰文：蔡宙（Charles Q. Choi）
翻译：Joy

I NTRODUCTION

　　电信号在碳纳米管中的传输速度远胜于在硅中的传输速度，理论上可以制造出速度更快的计算机。但在硅化合物表面制造的碳纳米管晶体管会因电极和硅之间的相互作用增加能耗，最近科学家们用蓝宝石作衬底解决了能耗高的问题。

碳纳米管可以在高级电路中制成理想的导线，不过，要把这些又小又黏、松松软软的丝状物排布成线，得费很大的劲。科学家们现在已经发现，蓝宝石晶体可以自动引导纳米管，将它们排布成建造晶体管和制作柔性电子元件所需要的图案。

　　电信号在碳纳米管中的传输速度远胜于在硅中的传输速度，理论上可以制造出速度更快的计算机，美国南加利福尼亚大学

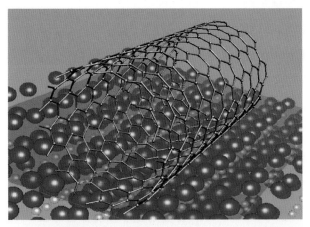

纳米管在上：由铝原子（浅蓝色）和氧原子（红色）构成的蓝宝石衬底，可以自然地将碳纳米管定位。

的电气工程师周崇武（Chongwu Zhou）这样解释说。此外，纳米管还可以做得很小——只有传统硅电路中理论最小尺寸的1/5。

为了制造纳米管电路，科学家们可以随机散布纳米管，然后在任何可行的地方接上电极，也可以尝试先让纳米管彼此"生长"在一起，然后在上面制作电极。不过，所有这些方法都是缓慢而低效的。这让科学家们不禁想知道，是不是存在某种衬底，可以自然地将纳米管定位。在对不同的晶体进行了一年多的实验之后，周崇武和他的同事们发现，蓝宝石晶体正好可以胜任。蓝宝石晶体属于六方晶系，晶胞从底平面向上延伸。同时，他们还发现，蓝宝石的大部分纵向切片都明显地显露出规则排布的铝原子和氧原子，这可以促使纳米管沿着规整的方向整齐地生长。

在2006年1月的《纳米快报》（*Nano Letters*）杂志中，周崇武的小组报告说，他们用这种排列整齐的纳米管成功制作了晶体管。研究人员在可批量生产的人造蓝宝石上，涂上一层被称为铁蛋白（ferritin）的笼状蛋白质，再加以烘烤，同时让烃类气体（hydrocarbon gas）吹过表面。蛋白质中的铁会起到催化作用，使烃气中所含的碳生长为单壁纳米管。一旦蓝宝石被纳米管覆盖，研究人员就能够将晶体管的金属电极安置在他们想放的任何地方，再用高度电离的氧气去除多余的纳米管。

过去，碳纳米管晶体管通常都是在电子工业中常见的硅化合物表面制造的。它的缺点是金属电极和硅之间会相互影响，吸收电荷，从而降低性能、增加能耗。周崇武的方法消除了多余的消耗，因为蓝宝石是绝缘的，并不是像硅那样的半导体。他的方法与所谓的蓝宝石衬底硅（silicon-on-sapphire）的制作技术密切相关，IBM和其他芯片制造商已经将这种衬底工艺应用到高性能电路的制造当中。"因此我们可以从半导体工业中借用许多知识。"周崇武评论说。

在与其他的碳纳米管电子技术进行比较时，用蓝宝石衬底法制得的纳米管排布规则，密度也最高，每微米可达40个。周崇武说，其他方法只能达到每微米1～5个。纳米管的密度至关重要，因为电极之间的纳米管越多，可被传导的信号也就越多。通过改变铁蛋白中铁的含量，研究人员就能够控制

纳米管的密度。

研究人员能够轻松地将纳米管晶体管制成柔性电子元件：将一层塑料薄膜烘烤到纳米管晶体管上，再剥离下来，晶体管就会附着在薄膜之上。碳纳米管柔性电子元件可以"轻而易举地"胜过目前工业中所采用的硅基柔性电子元件。周崇武预见到这种电子元件的实际用途，如可用于大型平板显示器、车辆挡风玻璃和智能卡。他还指出，这种规则排布的纳米管可被用作传感器：假如附着其上的分子能够跟癌症标志物或其他化合物发生反应，他们就可以通过这种纳米管来传送电子信号。

这些发现"是一项非常重要的结果，解决了与集成电路碳纳米管制造相关的一道最难的问题"，王康（Kang Wang）评价说，他是美国加利福尼亚大学洛杉矶分校多功能纳米构建中心的主任。他指出了尚待攻克的另一道重要难关：确保使用这种技术制造的所有纳米管都是半导体性的，因为目前制造出来的纳米管还是金属性（完全导电）和半导体性纳米管的混合物。

纳米管连接

分子电子学致力于使用单个有机分子作为计算或传感元件的最小单元，但是这些分子通常无法稳定地与它们的电极相连。美国哥伦比亚大学有机化学家科林·纳科尔斯（Colin Nuckolls）和他的同事们已经开发出一种方法，可以更结实地将这些分子连接到碳纳米管上。2006年1月20日的《科学》（Science）杂志描述了这项技术。它利用氧等离子体在纳米管上切出分子大小的间隔，使得纳米管的末端可以在化学上接受蛋白质中的那种连接，这要比金和硫化合物制成的连接稳固得多，后者是目前常用的连接分子与电极的方法。

纳米晶体管改造电脑

撰文：达维德·卡斯泰尔韦基（Davide Castelvecchi）
翻译：王栋

I NTRODUCTION

晶体管是计算机芯片上的关键器件，晶体管的设计极大地影响着计算机的速度。最近，一种只有10纳米厚的晶体管有望实现规模化生产，这意味着晶体管能在较低的电压下工作，产生的热量更少，计算机的速度也将更快。

今天的每块计算机芯片上，都密密麻麻地排列着数十亿个晶体管，但自从1947年美国科学家约翰·巴丁（John Bardeen）、沃尔特·布拉顿（Walter Brattain）和威廉·肖克莱（William Shockley）在贝尔实验室制作出第一个晶体管原型以来，晶体管的生产一直都基于相同的原理。目前，物理学家展示了一种彻底简化的晶体管设计，能使计算机运行速度更快、耗电量更低。虽然奥地利物理学家朱利叶斯·艾德加·李林菲尔德（Julius Edgar Lilienfeld）早在1925年就为这种设计申请了专利，但迄今为止仍未转化成实用器件。

每个晶体管都有一个门电极，它决定着电流能否通过半导体片，从而界定一个"开"或"关"的状态，这是计算机二进制运算的关键。传统的设计是，半导体片被加工成类似三明治的结构，即一种材料夹在另一种材料的中间。在"关"的状态下，这个"三明治"是绝缘体，但它可以转化为电导体，通常的方法是在门电极上施加一个电场。在芯片制造过程中，"三明治"结构是通过向硅片中"掺杂"其他元素形成的。例如，中间一层可以加入易于获得电子的元素；外面的两层则加入易于释放电子的元素。单独来看，每一层材料都是导电的，但除非门电极处于"开"的状态，否则电子无法穿过中间一层。

相邻材料层之间的边界叫作"结"。爱尔兰丁铎尔国家研究院的琼－皮埃尔·科林奇（Jean-Pierre Colinge）说，随着晶体管尺寸的缩小，如何在几纳米的距离内，使硅片中掺杂元素的密度发生突然变化，以形成一个明显的边界，已成为科学家面临的一大难题。

一种解决办法就是干脆去除边界。根据李林菲尔德的设想，科林奇及其同事制作了一种晶体管，其中只有一种掺杂元素，这样边界就不存在了。这种新型器件是一个1微米长的纳米管，其中掺杂了大量的硅，门电极横穿中部。门电极产生的电场会耗尽纳米管中间区域的电子，关闭晶体管，进而阻止电流通过纳米管。2010年3月，这个研究小组在《自然－纳米技术》杂志上发表了他们的研究成果。

要有效耗尽电子，纳米管只能有10纳米厚。直到最近，这种纳米管才有可能实现规模化生产。科林奇说，"这个器件应该很容易整合在硅芯片上"，因为它与现有制造工艺是兼容

的。他认为，无边界设计可以更有效地开关电流，这就意味着晶体管能在较低的电压下工作，产生的无用热量更少，速度也将更快（实际上，在经过了数十年的快速发展之后，过去数年，计算机的运算频率一直停顿在3GHz左右）。

位于美国纽约州约克敦海茨的IBM沃森研究中心物理科学部主任托马斯·西斯（Thomas Theis）认为，如果发明者能将无结晶体管的长度显著缩短，更好地与现有部件相匹配，那么这种晶体管的应用前景将不可限量。科林奇说，把晶体管的尺寸缩短到10纳米应该是可行的，他的团队正在努力实现这一目标。科林奇还透露，自从他们的文章发表以后，多家半导体公司都对无结晶体管很感兴趣，或许它们已经做好准备进入"无边界时代"了。

话题五

远看是魔法，近看是光学

在《哈利·波特与魔法石》中，哈利·波特从父亲那儿继承了一件隐身斗篷，穿上后就能够神奇地隐身，可以神不知鬼不觉地在魔法学校里走来走去。在科学家眼里，哈利·波特的隐身斗篷是一个现实的光学问题，完美隐身可以通过改变光线的路径，使光线在平面介质中弯曲来实现。更神奇的是，科学家们还能利用时间透镜让光线突然消失，通过创造"时间裂隙"达到隐身的目的。

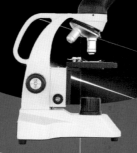

隐身斗篷即将问世

撰文：明克尔（JR Minkel）
翻译：张博

INTRODUCTION

隐身斗篷由包裹在玻璃纤维内的金属和线缆组成，可使光线以古怪的方式传播。研究人员说，实际制作并且运用这项技术比预期要容易些，但近期不要期待哈利·波特的隐身斗篷会成功面世。

在研究人员提出隐身斗篷的可行性技术构想仅仅几个月后，他们就展示了这种斗篷的雏形。这件隐身斗篷由包裹在玻璃纤维内的金属和线缆组成，可使光线以古怪的方式传播。美国杜克大学的戴维·舒里希（David Schurig）、戴维·史密斯（David Smith）及其同事共同设计了这种所谓"超材料"（metamaterial）中的同心环部件，让微波辐射沿最内圈弯曲，就像水绕开石块继续流动一样。与通常情况相比，这种新型圆环吸收

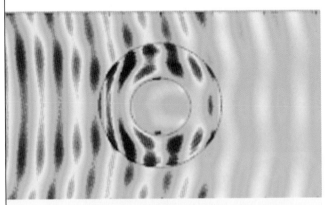

隐身：圆环形的斗篷材料吸收了直射的微波（蓝色），只反射出暗弱的光线（红色），并使产生的投影最少。

或反射的微波更少。舒里希在2006年11月10日的《科学》杂志上评价他们的原型验证方案时说："我们已经减少了物体产生的反光和影子，彻底消灭反光和影子正是隐身斗篷必须具备的重要特点。"研究人员说，实际制作并且运用这项技术比预期要容易一些，但近期不要期待哈利·波特（Harry Potter）的隐身斗篷会成功面世。

超材料

　　是21世纪物理学领域出现的一个新的学术词汇，指一类具有天然材料所不具备的超常物理性质的人造材料。超材料在成分上没有特别之处，它们的奇特性质源于其精密的几何结构和尺寸大小。

简易型 "隐身斗篷"

撰文：约翰·马特森（John Matson）
翻译：王栋

INTRODUCTION

科学家们研制出了一种新型的隐身器件，这种器件的基础结构是两层金膜。当两层金膜叠放在一起时，它们之间就能形成一个被称为"锥面波导"的不可见区域。不过，这项技术只能隐藏一片二维区域，而不是一块三维区域。

近年来，光学研究人员提出了许多"隐身斗篷"的概念，也就是通过有效弯曲物体周围的光线来使该物体隐身。大部分隐身方法都依赖于一种被称为"超材料"的物质。它们的结构经过精心设计，具有异乎寻常的光学性质（参见《环球科学》2006年第8期《超透镜 颠覆光学常识》一文）。不过，一种简单得多的隐身器件，可以完全不需要这种所谓的"超材料"。

美国华盛顿特区BAE系统公司、陶森大学及普渡大学的研究人员已经研制出了一种新型的隐身器件。这种器件的基础结构是两层金膜，一层覆盖在一块弯曲透镜的表面，另一层覆盖在一片平板玻璃的表面。当两层金箔叠放在一起时，它们之间就能形成一个被称为"锥面波导"（tapered waveguide）的不可见区域。这种方法的窍门在于材料的折射率具有一定的梯度，因此，如果从平行于镜片组的方向入射进来，光线所经的路径就会弯曲，绕过中心区域——用这项研究的合作者、普渡大学电气及计算机工程教授弗拉基米尔·沙拉耶夫（Vladimir M. Shalaev）的话来说，这"就像水流绕

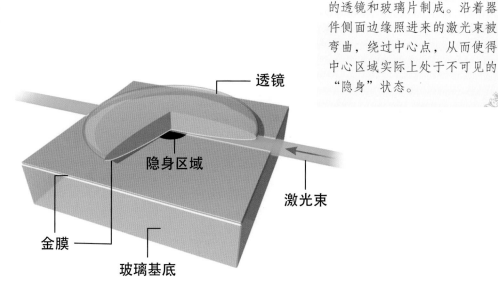

隐身器件可以由覆上金膜的透镜和玻璃片制成。沿着器件侧面边缘照进来的激光束被弯曲，绕过中心点，从而使得中心区域实际上处于不可见的"隐身"状态。

透镜

隐身区域

激光束

金膜

玻璃基底

过了一块石头"。

2007年，一个研究组曾经借助"超材料"设计出了可见光波段的"隐身斗篷"，当时沙拉耶夫正是那个研究组的成员。但是，那件"斗篷"只对预先设定的特定波长的光线有效，而且只能隐藏一块极小的区域。相比之下，波导隐身器件能够在多个波长的可见光下使用，能隐身的区域也大得多。谈及制作"隐身斗篷"时，沙拉耶夫说："从一开始，我们就意识到这是一个巨大的挑战。不是说完全不可能，而是真的，真的太难了。"

英国伦敦帝国学院的物理学家约翰·彭德里（John Pendry）评论说，锥面波导隐身法是一个"非常聪明的主意"。苏格兰圣安德鲁斯大学的物理学家乌尔夫·莱昂哈德（Ulf Leonhardt）也同意这一观点，他把2009年5月29日发表在《物理评论快报》（*Physical Review Letters*）上的相关论文称为"一项天才的工作、一个简便而绝妙的构想"。不过，这两位科学家都指出，这项技术只能隐藏一片二维区域，而不是一块三维区域。"大概你想隐藏的东西也不太可能被压进一个二维平面。"彭德里如此评论。尽管如此，这项研究成果仍会在光学通信领域中大有作为。

创造"时间裂缝"

撰文：约翰·马特森（John Matson）
翻译：王栋

I NTRODUCTION

有一种被称为"时间透镜"的设备能让一部分激光束加速，另一部分减速，这样就会出现瞬间无激光束的情况。只要在光束到达探测器之前恢复原来的样子，就能使发生于"时间裂隙"中的事件逃避探测器的探测。

数年来，物理学家一直都在改进所谓的"隐身斗篷"——一种能巧妙地让光线绕过特定区域，有效隐藏该区域中任何物体的物理装置。现在，美国康奈尔大学的研究人员已经制作出第一个

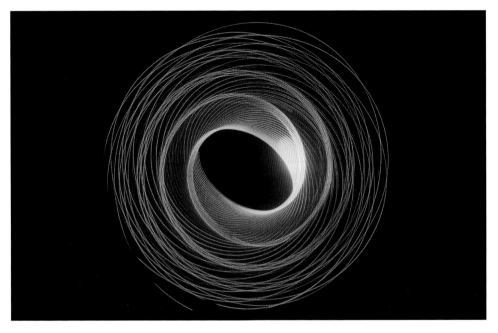

"时间斗篷"，这种装置能在某一特定时刻隐藏物体或事件。

在一次初步演示实验中，康奈尔大学的博士后研究员莫蒂·弗里德曼（Moti Fridman）和同事让一束激光穿过一台实验设备后，射入一个探测器。如果这束激光的路径上有一个物体，甚或另一束激光，通常都会产生扰动，并被探测器记录下来。然而，在一些巧妙设置的光学系统的帮助下，弗里德曼及其合作者能在激光束中短暂地开启一个"时间裂隙"，使光束如同不曾受到影响一样，探测器也就无法记录到任何干扰。在这个裂隙里，任何本应对激光束造成影响的东西（如一件物体）都能躲过去，不留下任何能被探测器捕捉到的痕迹。

研究人员能使用这个"斗篷"来隐藏一个光脉冲。在通常情况下，光脉冲会同激光束发生相互作用，在特定波长处产生一个尖峰，以表明它的存在。而当这个事件被隐藏后，这个标志性的尖峰就几乎探测不到了。

在2012年1月5日的《自然》

杂志上，康奈尔大学的科学家发表了这项研究，他们在论文里介绍道：这种"斗篷"的理论基础是光的一种性质，即在某种介质中，不同颜色光线的传播速度不同。利用一种被他们称为"时间透镜"的设备，研究人员先将单色激光束分离成一系列波长不同的光，然后将它们中的一半减速，同时使另一半加速，这样就制造出一个很短暂的"时间裂隙"。只要在光束到达探测器之前，通过反转之前的透镜分离过程，将光线恢复成受干扰前的单一波长，就能让"裂隙"再次闭合。

这个由弗里德曼和同事制造的"时间裂隙"极其短暂——只有50皮秒（1皮秒$=10^{-12}$秒）。研究人员指出，将这个尺度增大一些是有可能的，但散射和扩散效应会将"时间斗篷"的尺度限制在几个纳秒（1纳秒$=10^{-9}$秒）的范围内。

不反光的表面涂层

撰文：明克尔（JR Minkel）

翻译：刘旸

I NTRODUCTION

　　美国科学家将5层纳米棒堆叠在一起，每一层都具有不同的折射率（从最底层的2.03到顶层的1.05），从而将纳米棒涂层的反射率降为0.1%。这种涂层可以应用在发光二极管和太阳能电池上，有助于提高这些设备的功效。

　　利用一种折射率与空气非常接近的材料，研究人员发明了一种几乎不反射光线的涂层。材料的折射率反映了光穿过这种介质时的速度，从而决定了光路通过这种材料时发生的扭曲程度，也决定了反射光线的强弱。这种新材料由一种透明的半导体晶片构成，上面覆盖了无数倾斜的纳米棒。研究人员将5层纳米棒堆叠在一起，越下层的纳米棒越疏松，这样就可以逐层改变涂层的折射率，从最底层的2.03（与半导体晶片相近）降为顶层的1.05（与空气相似，空气的折射率为1.0）。美国伦斯勒理工学院的弗雷德·舒伯特（E. Fred Schubert）和他的小组在2007年3月的《自然 – 光子学》（*Nature Photonics*）杂志中指出，这种涂层的反射率可以低到0.1%。这种涂层可以应用在发光二极管（LED）和太阳能电池上，有助于提高这些设备的功效。

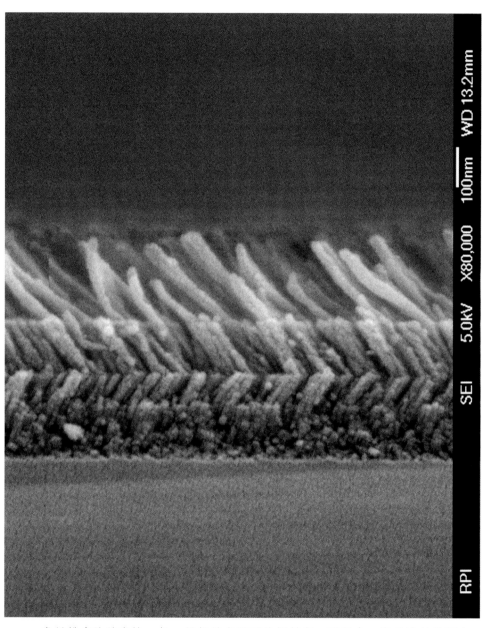

成层排布的纳米棒，每一层都具有不同的折射率，可以在一定的波长范围内完全消除反光。

硬币上的显微镜

撰文：明克尔（JR Minkel）

翻译：刘旸

I NTRODUCTION

你见过不需要透镜的显微镜吗？这种显微镜的工作原理是，利用密布感光像素的芯片检测从光栅上飘过的目标阻断射向部分感光像素的入射光，从而根据光线强弱绘制出目标物的图像。

光栅

是一种非常重要的光学元件，一般用玻璃或金属制成，上面刻有很密的平行细纹，一般每毫米几十至几千条。光通过光栅形成光谱是单缝衍射和多缝干涉的共同结果。

台不需要透镜、大小如硬币一般的显微镜，似乎可以快速又经济地检查血液，从中检出癌细胞和寄生虫。这是美国加州理工学院的杨昌辉（Changhuei Yang）及其小组制作的一台仪器，光线照射在流过窄小通道的液体样品上，其下是间距10微米、宽1微米的光栅。光线通过一个小孔照射在一个半导体芯片上，芯片上密布的感光像素与数码相机类似。从光栅上飘过的目标阻断射向部分感光像素的入射光，这些像素便可以根据光线强弱的变化绘出目标的图像。小到0.8~0.9微米的细节都清晰可辨（癌细胞的大小通常为15~30微米）。杨昌辉说，有了基于芯片的显微镜，"就再也不用担心会打破透镜了"。这台显微镜的设计灵感来自于眼中由死细胞和其他碎片构成的"飘浮物"。更妙的是，这样一台显微镜的成本只需10美元。

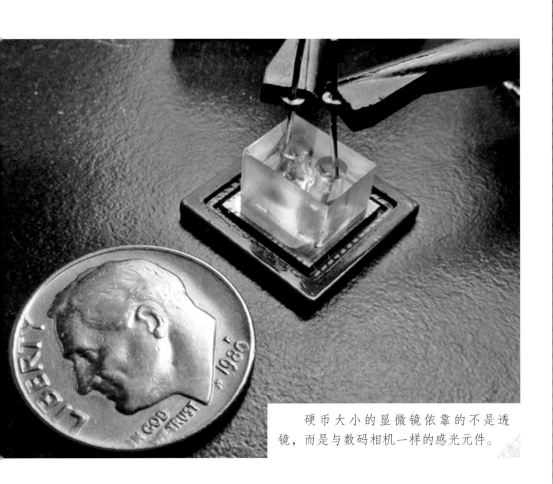

硬币大小的显微镜依靠的不是透镜，而是与数码相机一样的感光元件。

升级X射线扫描仪

撰文：蔡宙（Charles Q. Choi）
翻译：王栋

I NTRODUCTION

　　普通X射线成像技术利用目标物体吸收、透射或散射的光线来成像，这种方式往往因为一些细节太过微小而无法辨识。英国物理学家及其同事另辟蹊径，利用X射线穿透物体时产生的微小偏折来成像，能帮助人们分辨更多的关键细节。

　　X射线几乎能帮助人们发现任何隐藏着的东西，如行李中的炸弹和乳房里的肿瘤，但如果使用普通X射线仪，一些关键细节或许会因为太过微小而无法辨识。现在，一种由原子加速器（atom smasher）改造而成的新型X射线技术，能帮助人们分辨更多的关键细节。

　　传统照相技术利用目标物体吸收、透射或散射的光线来成像。广泛使用的X射线成像技术也基于类似的原理，只

X射线

　　指波长为0.01～10纳米的电磁波，由德国物理学家威廉·康拉德·伦琴（William Conrad Rontgen）于1895年发现，故又称为伦琴射线。X射线具有很强的穿透本领，能透过许多对可见光不透明的物质，常用于医学诊断和治疗，也用于工业上的非破坏检查。

是X射线取代了可见光。为了获取细微细节，通常需要大量X射线照射。想要达到这个目的，要么延长暴露时间，要么使用回旋加速器或同步加速器上的高能X射线源。然而，前一种方法的辐射剂量太大，会对检测目标造成损伤；后一种方法所需的设备又极其昂贵，难以实行。

英国伦敦大学学院的物理学家亚历桑德罗·奥利沃（Alessandro Olivo）及其同事另辟蹊径，利用X射线穿透物体时产生的微小偏折来为物体成像。实际上，他们是想把"相位对比成像"这种已在同步加速器上使用了15年的技术，搬到普通X射线仪上。

科学家在普通X射线仪上安装了两片约100微米厚的金属光栅，分别放置在目标物体的前后。第一片光栅上的小孔与第二片上的小孔不完全对齐。也就是说，当沿直线传播的X射线通过第一片光栅后，会被第二片阻挡，这样就降低了背景干扰。而探测器只会接收并分析通过物体后发生偏转了的X射线光子。与普通成像技术相比，这种方式能将对比度提高至少10倍。"所有细节都能看得更清晰，以前认为很难探

奥利沃拍摄的细香葱（chive plant）X射线照片。

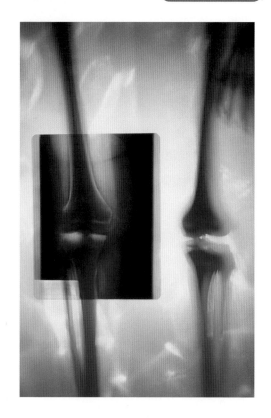

测到的细节也能看到了。"在谈论最近发表在《应用光学》
（*Applied Optics*）杂志上的这项发现时，奥利沃如此说道。虽然普
通X射线仪通常能探测到炸弹，却不容易将它们同其他材料（如塑
料或液体等）区分开来。目前，科学家设计新的光栅，希望能让成
像灵敏度更上一层楼。此外，他们还在研究从多角度探测目标物体
的三维扫描技术。

　　这种成像系统仅需几秒钟就能完成成像，比其他相位对比成像
技术快得多，因为后者在成像时功率不够大，需要数分钟才能完
成，英国萨里大学的放射物理学家戴维·布拉德利（David
Bradley）说。但英国曼彻斯特大学材料科学家菲利普·威瑟斯
（Philip Withers）说，现在还无法确定的是，该系统的成像速度是
否快到可以实现安全扫描。威瑟斯相信，升级后的X射线扫描技术
能为医学成像以及航空材料缺陷的检测带来进步。

话题六

不可尽知的粒子世界

人类对微观世界的探索看似永无止境。19世纪以前，人们认为构成物质的最小单位是原子，进入20世纪之后，物理学家们才认识到原子是可分的，原子内部还有质子、中子和电子，这些粒子和光子一度被称为基本粒子。然而，到20世纪60年代，人类又认识到，基本粒子中的质子和中子并不"基本"，它们由更小的粒子——夸克组成。直到现在，粒子世界仍有很多很多的奥秘等待我们去探索、去发现……

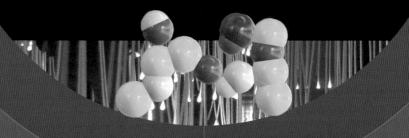

质子究竟有多小

撰文：达维德·卡斯泰尔韦基（Davide Castelvecchi）
翻译：王栋

INTRODUCTION

最近，一项研究结果令理论物理学家们很头疼——质子的尺寸比以前估算的小4%，这与量子电动力学的预言不符，而作为电磁力的基础理论，量子电动力学曾经经受住了最严格的检验。难道量子电动力学图像存在问题？

一个研究小组于2010年7月声称，组成物质的基本单元——质子要比人们以前估算的小4%。这项发表于《自然》杂志的发现让物理学家头疼不已，因为它与基于量子电动力学（quantum electrodynamics，QED）的预言不符。而作为电磁力的基础理论，量子电动力学曾经经受住了物理学中最严格的检验。

德国加兴市马普研究所量子光学中心的兰道夫·波尔（Randolf Pohl）及其同事使用激光来探测极不稳定的人造氢原子。在这种氢原子中，一种被称为 μ 子的基本粒子取代了通常围绕在单质子原子核外的电子。激光带来的能量让原子以特定波长发射X射线荧光。这

数据

关于尺度
（单位：米）

人体细胞的大小
0.00001

氢原子的大小
0.0000000001

质子的大小
（根据文中最新的测量结果）
0.00000000000000084184

些波长反映了一系列细微效应，其中包括一个不怎么为人所知的事实：核外粒子（在这里是μ子或电子）常常直接从质子中穿过。这是有可能的，因为质子也是由更小的基本粒子（两个上夸克和一个下夸克）组成的，质子中的大部分体积其实是空的。

通过计算质子半径对这种"穿核"轨道的影响，研究人员估算出，质子的半径为 0.84184 飞米（1 飞米=10^{-15}米）。这一数字比先前所有的测量结果（从0.8768到0.897飞米）都要小。但无论是哪个结果，质子的尺寸都要远远小于原子中最小的氢原子。如果把一个原子看作足球，则质子就仅有一只蚂蚁那么大。

夸克

夸克是一种基本粒子，也是构成物质的基本单元。夸克互相结合，形成一种复合粒子，叫作强子，强子中最稳定的是质子和中子，它们各自由三个夸克组成。

夸克有六种，分别是上夸克、下夸克、奇夸克、魅夸克、底夸克及顶夸克。上夸克及下夸克的质量是所有夸克中最低的。较重的夸克会通过粒子衰变过程变成上夸克或下夸克。一般来说，上夸克及下夸克很稳定，所以在宇宙中很常见，奇夸克、魅夸克、顶夸克及底夸克则只能由高能粒子的碰撞产生（如在宇宙线及粒子加速器中）。

与如此小的尺度打交道，误差总是难免的。然而，经过12年艰苦不懈的努力（就像波尔所说的："你得是个老顽固才行。"），该研究小组确信，他们使用的仪器产生的一些不可预计的细小误差并没有影响结果的准确性。理论物理学家也对描述μ子行为及估算质子大小的计算进行了复核，美国密苏里科技大学（位于罗拉市）的理论物理学家乌尔里希·延丘拉（Ulrich D. Jentschura）说，这些计算要简单一些。

一些物理学家提出，μ子和质子之间的相互作用或许会由于某些正－反粒子对的意外出现而变得复杂，这种正－反粒子对会在原子核内或核周围的真空中短暂出现。延丘拉说，最有可能的候选者

是正负电子对。然而，根据通常的原子物理理论，它们不应该出现，至少根据标准理论不会。波兰华沙大学的理论物理学家克日什托夫·帕丘茨基（Krzysztof Pachucki）说："这或许是首次有迹象表明我们已知的（量子电动力学）图像存在一些问题。"或许目前的原子物理理论确实需要一些微调，但不太可能彻底推倒重建，他说。不论最终的答案是什么，在接下来的这几年中，物理学家可能还得继续头疼下去了。

质量在改变

撰文：蔡宙（Charles Q. Choi）
翻译：Joy

INTRODUCTION

科学家们都希望自然界中的常数能保持恒定，不过，偶尔事与愿违也在所难免。最近，科学家们通过对比实验室中的结果和天文观测得到的数据发现：自宇宙初期以来，质子与电子的质量比降低了5×10^{-4}。

自然界中的常数应该保持恒定，这是大家都期望的。不过，现在物理学家发现，质子与电子的质量也许已经随着时间的流逝发生了改变。荷兰阿姆斯特丹自由大学的研究人员在自己的实验室中研究了被远紫外激光束照射的氢气吸收的光波波长；位于智利的欧洲南方天文台也从一团遥远的氢云中，测得了吸收光波的波长——这团氢云吸收了更遥远的类星体在120亿年前发出的光线。研究人员将实

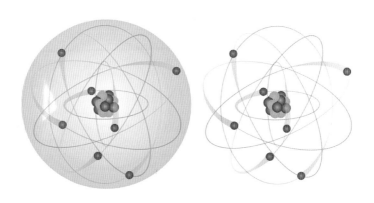

验室中的结果与天文台的数据进行了比较。在上述两种情况下，一些特定吸收线的位置都取决于质子与电子的质量比。目前，质子的质量大约是电子质量的1,836倍。在2006年4月21日的《物理评论快报》上，科学家报告说，自宇宙初期以来，质子与电子的质量比很明显已经降低了5×10^{-4}。这些发现为最近引起争议的观测提供了补充。那项观测表明，描述电磁力整体强度的精细结构常数（fine-structure constant），已经随着时间稍稍增大了一点儿。

并非中性的中子

撰文：蔡宙（Charles Q. Choi）
翻译：刘旸

I NTRODUCTION

中子是组成原子核的粒子之一，但中子是有内部结构的。过去，科学家们认为，中子的中心带有正电荷，外围带有等量的负电荷。然而，最近的研究结果显示，负电荷既存在于中心，也存在于外周，把正电荷夹在中间，形成负－正－负三层结构。

从整体上来看，中子是电中性的。不过，物理学家过去认为，中子的中心带有正电荷，外围则带有等量的负电荷。利用三个不同的粒子加速器得到的最新研究结果显示，中子有更加复杂的结构——负电荷既存在于中心，也存在于外周，把正电荷夹在中间，像三明治一样。这一发现不仅可以帮助我们更好地理解强核力（strong nuclear force），还能帮助我们理解恒星内部的一些物理原理。这项研究在核能和核武器方面也可能有用武之地。美国华盛顿大学杰拉尔德·米勒（Gerald Miller）在2007年9月14日《物理评论快报》上撰文表示，随着数据的不断更新，中子更加复杂的性质可能会被逐步揭示出来。

强核力

又称强相互作用或强力，是宇宙的四种基本力之一，其余三种为弱核力、电磁力及引力。强核力将原子中的质子和中子结合在一起，还将质子和中子中的夸克束缚在一起。

物质-反物质分子

撰文：蔡宙（Charles Q. Choi）
翻译：刘旸

INTRODUCTION

由于电荷相反，正电子和电子很容易相互吸引，结合成电子偶素。从理论上来讲，两个电子偶素原子之间也能相互配对，形成分子，这就好比两个氢原子形成H_2。最近，美国科学家发现了两个电子偶素可以相互结合的确凿证据。

早在几十年前，研究人员就已经知道，电子和它的反粒子正电子（positron）可以结合，形成一种寿命很短的类氢原子——电子偶素（positronium）。现在，美国加利福尼亚大学河滨分校的科学家们成功使两个电子偶素结合，形成了一种被称为双电子偶素（di-positronium）的新分子。研究人员先在一个电磁势阱中捕捉了大约2,000万个正电子，然后以纳秒级别的强烈脉冲，将这些正电子射向多孔二氧化硅薄膜上的一

正电子

　　是电子的反粒子，除带正电荷外，其他性质与电子相同。正电子不稳定，遇到电子会与之发生湮灭，产生电磁辐射，放出高能光子。正电子湮灭主要有三种方式，即自由湮灭、生成电子偶素后湮灭、参与化学反应。

个微点。正电子会扩散到各个小孔，将电子吸引进来，形成大约10万个双电子偶素分子。

　　研究这些分子，不仅能对反物质展开全新的研究，还可以解释为什么反物质在宇宙中如此罕见。电子和正电子最终碰撞时产生的 γ 射线，可能会被用于发展定向能武器，或者帮助核电站启动核聚变反应。更详细的报道请参见2007年9月30日出版的《自然》杂志。

超光速中微子

撰文：达维德·卡斯泰尔韦基（Davide Castelvecchi）

翻译：王栋

INTRODUCTION

爱因斯坦狭义相对论中设定的宇宙速度上限为真空中的光速，但最近有研究人员称，一种名为中微子的亚原子粒子打破了这个上限。不过，许多理论物理学家对这个结果表示质疑。

不知道你是否注意到这条新闻：2011年9月，一个物理学家团队宣布，一种名为中微子的亚原子粒子或许打破了由爱因斯坦狭义相对论设定的宇宙速度上限。在这项名为OPERA（Oscillation Project with Emulsion-tRacking Apparatus）的大型中微子振荡实验中，研究人员从位于瑞士日内瓦附近的欧洲核子研究中心（CERN）发射了一束中微子，它们穿过地壳，最终抵达位于意大利拉奎拉附近的格兰萨索国家实验室。据科学家估计，中微子到

中微子

来自意大利语"neutrino"，字面上的意义为"微小的电中性粒子"。中微子不带电，质量非常轻，小于电子的百万分之一，以接近光速运动。

中微子有三种类型，即电子中微子、μ中微子和τ中微子。中微子在自然界中广泛存在，太阳、宇宙线、核电站等都能产生大量的中微子。它极难被探测到，几乎不与物质发生相互作用，可以轻松地穿过人体、建筑，甚至地球，不带来任何影响。

达目的地所用的时间，比光快了约60纳秒。

对于这个结果，科学家们持谨慎态度，尤其是因为早前一项测量中微子速度的研究已经表明，在很高的精确度上，中微子同样遵循宇宙速度上限。在2011年9月29日发表的一篇网络版简短论文中，美国波士顿大学的安德鲁·科恩（Andrew Cohen）和谢尔顿·格拉肖（Sheldon Glashow）通过计算得出，任何超光速飞行的中微子都会在飞行途中损失能量，并留下一条由较慢粒子组成的轨迹。这种轨迹类似于超音速飞机后方留下的音爆，并会被地壳吸收。

但是，同刚发射时相比，在格兰萨索国家实验室探测到的中微子能量并没有变化，这就说明中微子速度的测量结果是值得怀疑的。"当所有粒子都具有相同的最大可能速度时，粒子不可能通过释放另一个粒子来损失能量。"科恩解释道，"但是，如果相关粒

子的最高速度不尽相同"，那么这种过程就会发生。

　　这类效应的常见例子是，电子和光子在同一介质中传播，如水或空气，由于光子受到传播介质影响，传播速度会低于电子的速度上限，即真空中的光速。在这种情况下，电子会释放光子，损失能量。这种具有不同速度上限的粒子之间的能量交换叫作切伦科夫辐射（Cherenkov radiation），这也是核电站核燃料池总是散发着蓝光的原因。

　　对于这次中微子实验，科恩和格拉肖通过计算得出，中微子的尾迹应该主要由电子及正电子构成。关键问题是，根据正反电子对的产生速率可知，从CERN发射的一个超光速中微子在抵达格兰萨索之前，就会损失掉大部分能量。所以，这也说明，或许它们的飞行速度根本就没有超过光速。

　　"我认为已经可以盖棺定论了。"美国亚利桑那州立大学的理论物理学家劳伦斯·克劳斯（Lawrence M. Krauss）评论说，"这是一篇非常棒的论文。"那么，爱因斯坦还是对的？爱因斯坦相对论取代了牛顿物理学，毫无疑问，物理学家也将继续寻找爱因斯坦理论中的错误。"我们会不断验证自己的想法。"科恩说，"即便是那些已经建立起来的理论也一样要接受检验。"

量子排斥力

撰文：约翰·马特森（John Matson）
翻译：蒋青

I NTRODUCTION

真空中充满各种波长的粒子，假如使两个不带电的金属薄盘紧紧靠在一起，较长的波长就被排除出去，导致两个薄盘相互吸引，这就是卡西米尔效应。最近，物理学家发现，真空中无处不在的量子涨落还会引起另一种效应——相互排斥。

物理学家又检测到真空中无处不在的量子涨落（quantum fluctuation）引起的一种新效应——确切地说，这种效应类似于卡西米尔力（Casimir force），不过，效果却是相互排斥。卡西米尔力通常会在两块间距极小的金属板之间产生吸引力，使它们结合得更加紧密。但是，当两个表面分别由电学性能不同的材料构成时（如实验中科学家使用的金和硅），卡西米尔排斥力就会出现。正如理论所预言的那样，量子涨落会把这两种材料拉开。这种效应只在纳米尺度下可见，进一步研究它将有助于工程师设计出更精细的机械装置。

量子涨落

在量子力学中，量子涨落（或称量子真空涨落、真空涨落）是指空间任意位置上能量的暂时变化。它允许在完全空无一物的空间（纯粹空间）中随机产生少许能量，前提是该能量在短时间内重归消失。

量子擦边球

撰文：乔治·马瑟（George Musser）
翻译：庞玮

INTRODUCTION

　　量子世界和我们熟悉的世界很不相同：假设你把足球踢到小土丘上，如果踢得太轻，足球势必没过坡顶就会滚回来，但量子小球会穿过土丘到达另一边；一个小球滚到桌边势必会掉下去，但量子小球可能会从桌边反弹回来。

　　量子力学可以定义如下：事情总和你想象的刚好相反。这个定义屡试不爽：真空是满的，粒子就是波，猫可以既是活的又是死的。最近，由物理学家组成的一个科研小组研究了另一个量子"脑筋急转弯"。你也许会"天真"地以为，一个小球滚过桌面，到了桌子的边缘，它一定会掉下去——抱歉，你又错了。实际上，一个量子小球在适当的条件下，不仅不会掉下桌面，而且会从桌边再滚回来。

　　这个现象是众所周知的量子隧穿效应（quantum tunneling）的"倒行逆施"版。量子隧穿效应本身就足够令人惊奇了：假设你把一个足球踢到小土丘上，如果踢得太轻，足球还没过坡顶就会滚回来；如果用同样的力道去踢一个量子足球，球却有可能滚到土丘的另外一边，就像

放射性 α 衰变

α 衰变是原子核自发放射 α 粒子的核衰变过程。α 粒子是电荷数为2、质量数为4的氦核He^{2+}。α 衰变是一种核裂变，其中涉及量子物理学中的隧穿效应，由强核力力场产生和控制。

发生 α 衰变时，一颗 α 粒子会从原子核中射出；α 衰变发生后，原子核的质量数会减少4个单位，其原子序数也会减少2个单位。

从土丘中打通一条隧道穿过去一样（不过，这条隧道并不真的存在）。这个过程解释了粒子如何能从原子核中逃逸出来，产生放射性 α 衰变（radioactive alpha decay）。量子隧穿效应如今已经成为许多电子设备得以实现的基础。

通过隧穿效应，粒子可以完成小球永远无法做到的一些事情。反过来，对于小球来说屡试不爽的一些事情，粒子也可以偏偏不这么做。把足球踢向悬崖边的话，它总是会掉下去的。可是，如果把一个粒子踢向悬崖边，它却有可能反弹回来。这些粒子就像某种玩具小机器人，能够感应到桌子或者楼梯的边缘，然后倒退回来。不同的是，粒子的这种

粒子波反射：正如海面可以把光波反射回水中，桌子的边缘也可以把一个量子波反射回桌面，阻止量子波描述的粒子从桌边滚落。

"特技表演"依靠的并不是某种"内部机械装置"，而是本能地逆着外力驱使它移动的方向而动。西班牙格拉纳达大学的佩德罗·加里多（Pedro L. Garrido）、芬兰赫尔辛基大学的亚尼·卢卡里宁（Jani Lukkarinen），还有美国罗格斯大学的谢尔登·戈尔茨坦（Sheldon Goldstein）和罗德里希·塔马尔卡（Roderich Tumulka）对此进行了研究，他们给这一现象起了个名字——"反隧穿"（anti-tunneling）。

不论是隧穿还是反隧穿，解释这两种现象都要依赖于粒子的波动本质，而

波动性又反映出这样一个事实：一个量子化粒子的位置通常是不确定的。粒子的波描述了可以找到这个粒子的空间范围。波的性质与通常意义上的波（如声波）非常类似。任何波在碰到非绝对刚性的障碍物时，都会有一部分穿入障碍物，只是波的强度会有所衰减。只要障碍物不是太厚，波都可以在另外一边重现。这个过程与隧穿效应类似。

任何波在遭遇到环境的突然变化时，哪怕改变之后的环境更有利于波的传播，一部分波也会反射回来——这个过程就与反隧穿类似。潜水员在水下向上看时，会发现海面像镜子一样反光，这也是类似过程的结果。为了让变化发生得足够"突然"，环境发生改变的距离必须短于波的波长（粒子波的波长与粒子动量有关）。如果变化过程太平缓，波就会继续前进，此时粒子的行为就跟足球完全一样了。

加里多及其同事进行了一系列数值分析，排除了这一现象是理想条件下人

为效应的可能性。他们还计算了一个粒子从桌边掉下去之前，能够在桌面上"滚"多久。结果发现，桌子越高，粒子呆在桌面上的时间就越长。美国里德学院的戴维·格里菲斯（David Griffiths）写过一本量子力学入门教材，在各大高校广泛使用。他把反隧穿现象视为"一个非常可爱的悖论"，还在教材第二版中增加了一道与此有关的课后习题。2004年诺贝尔物理学奖获得者、麻省理工学院的物理学家弗兰克·维尔切克（Frank Wilczek）说："这个分析很严密，指出了一个我以前没有清楚认识到的有趣现象。"

反隧穿效应可能在建立实验室粒子阱、描述核衰变，或者探索量子力学基础等方面得到应用。不过，它最引人注目之处在于提醒物理学家：一个已经有近百年历史的"古老"理论，依然有能力让人大吃一惊。

量子麦克风

撰文：达维德·卡斯泰尔韦基（Davide Castelvecchi）
翻译：庞玮

I NTRODUCTION

研究人员利用计算机芯片制造技术，制作了一个1微米厚、40微米长的微型音叉，以此来模拟单个原子表现出的量子特性。这是一个里程碑式的研究，它证实我们正处于一个十足的量子世界。

单个分子"击掌"会发出什么声音？科学家研制出一种装置，能捕捉正在进行机械振动（类似于化学反应中的分子振动）的单个量子。他们发现，这种头发粗细的装置在发挥作用时，就好像它同时存在于两个地方。而在此之前，这样的"量子怪事"仅能在分子尺度下发生。

"这是一个里程碑式的研究。"美国洛斯阿拉莫斯国家实验室的理论物理学家沃伊切赫·茹雷克（Wojciech Zurek）说，"它证实了很多人相信，但也有人一直反对的一个观点——我们处于一个十足的量子宇宙。"

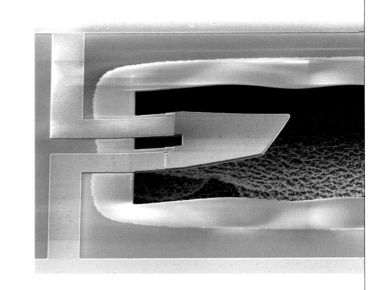

美国加利福尼亚大学圣巴巴拉分校的研究生阿龙·奥康奈尔（Aaron O'Connell）利用计算机芯片制造技术，制作了一个类似微型音叉的机械谐振器（mechanical resonator）——仅有1微米厚、40微米长，肉眼刚好可以看得见。然后，奥康奈尔与合作者将谐振器连接到一个超导线圈上，把整个装置冷却到－273.125℃，只比绝对零度高0.025℃。在如此低温下，谐振器只能有两个状态：要么完全静止，要么拥有一个振动能量子，也就是声子（phonon）。利用超导线圈，谐振器的振动可以被检测到——此时，整个装置相当于一个"量子麦克风"。反过来，向超导线圈导入电流，可以迫使谐振器发生同步振动。这样一来，如果这个研究小组使超导线圈处于两种状态的叠加态（一种状态下有电流，另一种则没有电流），那么谐振器就会处于振动和不振动的叠加态。

实际上，在振动状态下，谐振器中每个原子的位移都极其微小，还不到一个原子的尺度，因此，处于叠加态的谐振器从未真的同时出现在两个位置上。不过，这项研究的结果仍表明，一个远大于量子尺度的物体（谐振器大概包含10万亿个原子）也能像单个原子那样表现出奇异的量子特性。2010年3月，奥康奈尔在美国物理学会的一次会议上报告了上述结果。这一发现发表在4月1日的《自然》杂志上。

谐振

即物理学中的简谐振动。物体在平衡位置附近往复运动，物体受力的大小总是和偏离平衡位置的距离成正比，且受力方向总是指向平衡位置，其动力学方程式是F=-kx（胡克定律）。

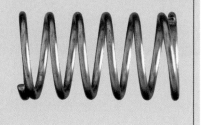

光与物质的移形换位

撰文：明克尔（JR Minkel）
翻译：刘旸

INTRODUCTION

美国科学家将一束激光脉冲照射到玻色–爱因斯坦凝聚物上，凝聚物中的原子携带着从激光中得到的能量撞击另一团玻色–爱因斯坦凝聚物，并被它吸收，结果这些原子发出了和最初一模一样的光脉冲。

1999年，美国哈佛大学的莱娜·豪（Lene Hau）及其同事把光速从每秒近30万千米，降为每秒0.017千米。几年后，这个研究小组又成功地让一束光彻底停滞下来。现在，豪博士的研究小组又玩出了新的量子把戏：他们把光变成了物质，然后又变了回去。这种中间物质是两团超低温原子气体——玻色－爱因斯坦凝聚物

玻色－爱因斯坦凝聚物

是20世纪20年代印度物理学家萨蒂延德拉·纳特·玻色（Satyendra Nath Bose）和科学巨匠阿尔伯特·爱因斯坦（Albert Einstein）预言的一种新物态，处于这种状态的大量原子的行为就像单个粒子一样。这里的"凝聚"与日常生活中的凝聚不同，它表示原来不同状态的原子突然"凝聚"到同一状态。要达到该状态，一方面，需要物质达到极低的温度，另一方面，要求原子体系处于气态。

（Bose-Einstein condensate，BEC）。在豪博士的实验中，一束激光脉冲照射到第一团BEC，将它的能量传递给凝聚物。这团凝聚物中的原子携带着能量，以物质波的形式前进了160微米之后，撞击另一团BEC，并被它吸收。结果，这些原子发出了和最初一模一样的光脉冲。2007年2月8日的《自然》杂志公布了这项成果。豪博士推测，这项技术有一天将被应用于光通信或超精确导航系统之中。

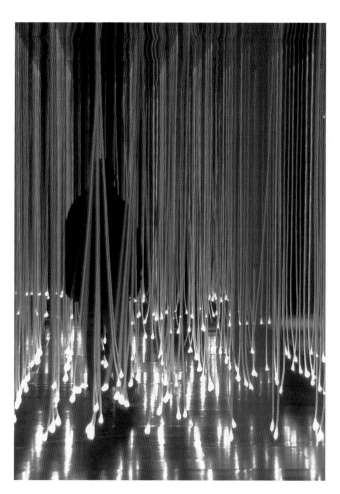

光与物质的信息交流

撰文：明克尔（JR Minkel）

翻译：李柯

INTRODUCTION

一束光里的信息能传给原子吗？研究人员将一束激光照射到一团铯原子上，先让激光和原子相互纠结，使它们的量子态保持互补，然后将携带着信息的第二束激光混合到第一束激光中，利用这束混合光成功改变了铯原子团的量子态。

物理学家最近将储存在一束光里的信息传递给一团原子，而且没有破坏敏感的量子态。这项技术对未来的量子计算机和量子加密系统尤为关键。通过将一束强激光照射到一团铯原子上，丹麦尼尔斯·玻尔研究所的尤金·波尔齐克（Eugene Polzik）及其同事先让激光和原子相互纠结，使它们的量子态保持互补。

然后，第二束弱激光脉冲携带着准备被传输的信息，混合到第一束强光之中，它们混合之后的振幅和相位经过了精心设计。利用这束混合光，这些研究人员改变了铯原

量子计算机

指一种使用量子逻辑实现通用计算的设备。它是一类遵循量子力学规律进行高速数学和逻辑运算并储存及处理量子信息的物理装置。当某个装置处理和计算的是量子信息，运行的是量子算法时，它就是量子计算机。不同于电子计算机，量子计算用来储存数据的基本单元是量子位（qubit），它使用量子算法来进行数据操作。

子团的量子态，使它与弱激光脉冲相匹配。这些科学家在2006年10月5日的《自然》杂志中报告说，量子态确实可以在光与原子之间有效传递。

话题七

鬼魅似的远距作用

量子纠缠是一种类似于"心灵感应"的神奇现象：当两个微观粒子发生纠缠时，只要改变其中一个粒子的量子状态，瞬间就可以使另一个粒子的状态发生改变，不论它们相距多远。爱因斯坦曾把"量子纠缠态"称为"鬼魅似的远距作用"，如今量子纠缠已被世界上的许多实验室所证实。它不但是量子通信和具有超级计算能力的量子计算机的基础，甚至还能提高照相机的成像精度。

超长距离量子纠缠

撰文：明克尔（JR Minkel）
翻译：刘旸

I NTRODUCTION

当两个光子发生量子纠缠时，其中一个发生改变，另一个也会立刻发生同样的改变，不管相距多远。奥地利科学家在相隔144千米的岛屿上实现了两个光子的量子纠缠，这个距离远远打破了原有的记录。

量子纠缠（quantum entanglement）的关联距离正在逐渐加长。在最新的一次演示实验中，科学家在西班牙加那利群岛的两个岛屿之间，实现了光子的量子纠缠。当两个光子发生纠缠时，不论它们相距多远，其中一个发生的改变瞬间就会决定另外一个的命运。奥地利维也纳大学的安东·蔡林格（Anton Zeilinger）及其同事利用一束激光，在拉帕尔马岛上生成一对相互纠缠的光子，然后将光子对中的一个光子发射到144千米以外的特内里费岛，并用望远镜进行捕捉。这个距离将纠缠光子在空气中的"飞行记录"延长了10倍。这样的光子也许可以用来传递无法被破译或窃听的加密信息。这个研究小组在2007年3月举行的美国物理学会年会上介绍了他们的此项突破。

相互纠缠的原子云

撰文：明克尔（JR Minkel）

翻译：刘旸

INTRODUCTION

美国科学家将单个光子变成一对相互纠缠的光子，然后把它们分别储存在相距1毫米的铯原子云中。当再次把这对光子合成单个光子时，20%的纠缠态被保存了下来。这一数字刷新了以往的实验记录。

量子通信

指利用量子纠缠效应进行信息传递的一种新型的通信方式。量子纠缠态的品质会随着传送距离的增加而变得越来越差，因此，如何提纯高品质的量子纠缠态是目前量子通信研究中的重要课题。

美国加州理工学院的科学家将量子纠缠与使光停滞于传播过程中的技术相结合。他们利用光束分离器（beam splitter），把单个光子变成一对相互纠缠的光子，并将这对纠缠态光子以相距1毫米的距离，储存在接近绝对零度的铯原子云中。当他们再将这对光子合成单个光子时，20%的纠缠态被保存下来。在以往的纠缠实验中，这一效率前所未有。

该实验为实现两个原子云的纠缠，以及利用量子通信在两个原子云之间快速传递量子态奠定了基础。

维持量子纠缠的旁门左道

撰文：乔治·马瑟（George Musser）
翻译：庞玮

INTRODUCTION

处于纠缠态的量子能相互关联，无论相隔多远，但环境的干扰会破坏纠缠态，这个过程被称为"退相干"。将粒子从环境中孤立出来并不能解决退相干的问题，科学家们干脆反其道而行之，转而利用环境来维持纠缠态。

当个电子的感觉会不会很棒？那样的话，你就能从量子力学的种种"奇迹"中捞到些好处，如同时身处两地——实在是应对现代生活激烈竞争的利器。令人郁闷的是，物理学家早就泼了盆冷水：他们认为，量子力学只适用于微观世界。

好在这种观点是否正确仍是一个谜。按照过去数十年间发展起来的现代物理学观点，我们在日常生活中看不到量子效应，究其本质不是因为我们的尺度太大，而是因为这些量子效应被其自身的极其复杂性所遮蔽。只要观察得法，就能看到它们，而且物理学家已经逐渐认识到， 这些量子效应在宏观世界中出现的频率要比他们想象中高。美国伊利诺伊州立大学的诺贝尔物理学奖得主安东尼·莱格特（Anthony Leggett）说："在量子效应维持的问题上，通常的观点也许太过悲观。"

在这些效应中最引人注目的就是所谓的"量子纠缠"。处于量子纠缠的两个电子之间，会建立起一种类似心灵感应那样超越时间和空间的联系。其实，不仅仅是电子，你和你心爱的人之间也能维系一条量子纽带，无论你们相隔多久、多远。听起来是不是浪漫得一塌糊涂？但凡事皆有反面，粒子天生就来者不拒，和它碰到的每一个粒子都勾勾搭搭。所以，你在街上碰到的每一个人生失意的可怜虫，吹拂在你脸上的每一个空气分子，都会和你建立起量子纽带。于是，你渴望的那条纽带被无数不想要的纽带淹没。纠缠就这样自己搅了自己的局，这个过程被称为"退相干"（decoherence）。

为了能保住量子纠缠并加以利用，如制造量子计算机，物理学家们把爸妈对付情窦初开的少男少女所用的手段全用上了——把粒子从环境中孤立出来，或者监控粒子并及时阻断任何无关的纠缠。当然，物理学家们最终往往也只能像那些爸妈们一样长叹一声。既然我们无法战胜环境干扰，那么为何不反过来利用它呢？用新加坡国立大学和英国牛津大学的物理学家弗拉特科·韦德拉尔（Vlatko

Vedral）的话说，"环境可以起到更为正面的作用"。

奥地利科学院量子光学与量子信息研究所因斯布鲁克实验室的蔡建明（Jianming Cai）和汉斯·布里格尔（Hans J. Briegel），以及英国布里斯托尔大学的桑杜·波佩斯库（Sandu Popescu），已经指出了一条利用环境干扰的途径。设想你有一个V形的分子，你能控制它像镊子一般开合。当V形分子合上时，顶端的两个电子发生纠缠。如果你就这样把它一直合着，那么这两个电子最终会在环境粒子的狂轰滥炸下退相干，这样你也就失去了所有重建纠缠的办法。

那该怎么办呢？答案是：打开V形分子，反其道而行之，让这对电子更多地暴露在环境中。如此一来，退相干过程就会让电子回到能量最低的自然状态，即最低能态。然后，你再闭合分子，电子纠缠就能重新建立。只要这个开、合过程足够快，电子之间的纠缠看上去就始终如一，好像不曾被破坏一般。这三位科学家称它为"动态纠缠"（dynamic entanglement），以便与那些必须靠持续隔离环境干扰才能维持下去的静态纠缠相区别。尽管动态纠缠处于振荡之中，但这些科学家说，静态纠缠能做的事情它都能完成。

另一种方法使用了一群粒子，它们的行为整齐划一，整体看上去如同单个粒子。因为这个粒子群存在内部动力学结构，所以能够有多个自然状态，或者说平衡态，对应不同但相似的能量分布。未来的量子计算机可以用这些平衡态，而非单个粒子来储存数据。这个方法最早是阿列克谢·基塔耶夫（Alexei Kitaev）于10年前

在俄罗斯的朗道理论物理研究所提出的，现在被称为"被动纠错"（passive error correction），因为这些粒子不需要物理学家主动干预。如果系统偏离了平衡态，环境就会动手帮它们恢复平衡。只有当温度过高时，环境对这群粒子的扰动作用才会大于稳定作用。就像波兰格但斯克大学的米哈乌·霍罗德茨基（Micha Horodecki）所说："环境不仅能增添错误，也能纠正错误。"

诀窍就在于，要确保环境纠正错误的速度比增添错误的速度更快。霍罗德茨基和美国麻省理工学院的埃克托尔·邦宾（Héctor Bombín）等最近提出了这样一套方案，但出于几何方面的原因，该方案只适用于三维以上的空间。最近发表的其他几篇论文则在三维空间中实现了这一诀窍；它们并没有依赖高维空间几何，而是对整个系统施加力场，使平衡偏向于纠错。不过，这样的系统或许无法完成常规运算。

上述研究一反物理学家的常识，暗示纠缠能在宏观的室温体系，甚至鲜活的有机体中维持。美国加利福尼亚大学伯克利分校的莫汉·沙罗瓦日（Mohan Sarovar）评论说："这为我们打开了一扇全新的大门，意味着量子纠缠有可能在生物体系中发挥作用，甚至成为一种资源。"他最近刚刚发现，纠缠或许在光合作用中助了一臂之力（参见《环球科学》2009年第10期《叶绿素发电》一文）。韦德拉尔和新加坡国立大学的伊丽莎白·里佩尔（Elisabeth Rieper）等也发现，在鸟类用来导航的磁性敏感分子中，电子之间维持纠缠的时间要比常规理论的预测值长10~100倍。这样看来，虽然我们或许当不成电子，但活蹦乱跳的生物仍然能从美妙的量子特性中沾一分光。

钻石的量子纠缠

撰文：约翰·马特森（John Matson）
翻译：红猪

I NTRODUCTION

　　形成量子纠缠通常需要非常苛刻的实验条件，然而，在最近的一项研究中，物理学家让相距15厘米的两颗钻石发生了量子纠缠。这说明，普通物体在室温下也能发生纠缠。

很久以前钻石就被人们成对使用——如镶在一副漂亮的耳坠上。现在，物理学家已经设法让相距15厘米的两颗钻石发生了量子纠缠。所谓量子纠缠，是指两个或多个

物体之间的空间里存在看不见的联系（假设一对相互纠缠的骰子同时掷出，即便相距遥远，也会投掷出相匹配的点数），只是这种联系相当微弱。因此，物理系统的纠缠实验通常会在高度受控的实验环境中进行——如先将一对孤立原子冷却到接近绝对零度，然后使之发生纠缠。

然而，在最近的一项研究中，英国牛津大学、加拿大国家研究委员会和新加坡国立大学的科学家证明，普通物体在室温下也能发生纠缠。实验对象是两颗人工合成的钻石，边长皆为3毫米。科学家将一道激光分成两束，使之穿过两颗钻石。任何从钻石上散射出的光子都会产生一个声子，声子是晶格振动的能量量子。研究人员会将光子导入一个光子探测器。一旦探测到光子，就说明钻石发生了振动。

"我们知道，探测器里的某个地方有一个声子。"牛津大学的实验物理学家、该研究的参与者之一伊恩·瓦姆斯莱（Ian Walmsley）说，"但我们根本不知道那个声子是来自左边还是右边的钻石，甚至在理论上我们都没法知道。"根据量子力学的观点，这个声子其实不单独属于任何一颗钻石。两颗钻石在这时进入了纠缠态，彼此共有一个声子。

瓦姆斯莱指出，钻石并非量子研究的理想对象，因为它们的纠缠态稍纵即逝。但他也希望，研究者能设法在量子技术中采用更加常见的材料。"我认为，我们的实验为这个方向的研究提供了一个新方案和新例子。"瓦姆斯莱说。

用量子帮你送口信

撰文：明克尔（JR. Minkel）
翻译：虞骏

INTRODUCTION

量子通信的前提是人类能够储存、释放光子和实现量子纠缠。美国的两个研究小组已经利用原子团捕获和释放了单个光子，第三个小组已经实现了两个原子团的量子链接。

在量子计算和量子通信的一个关键步骤中，两个试验小组已经利用原子团捕获和释放了单个光子，第三个小组已经实现了两个原子团的纠缠。许多量子信息方案都取决于量子位，即光子状态的传输。送入光纤的量子位需要定期纯化（periodic purification），这就意味着储存和释放光子。美国哈佛大学和美国

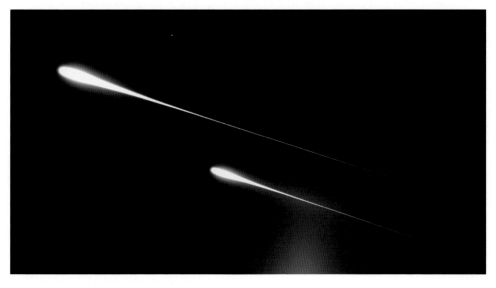

佐治亚理工学院的两个小组各自独立地实现了这个目标。他们从铷原子的一个相干量子系综（coherent quantum ensemble）中产生出单个光子，并且将它们送入第二个原子系综中。这些系综可以在一个激光脉冲的作用下变得不透明，从而俘获或储存光子；也可以在另一个脉冲的作用下变得透明，从而释放光子。所有这些都不会减弱光子的量子性能。第三个小组由美国加州理工学院的研究者领导，他们使相隔一个房间的两个系综实现了纠缠，在它们之间创造了一个量子链接。这样的纠缠是传输信号的另一个前提。详情请查阅2005年12月8日的《自然》杂志。

离子的天赋

撰文：格雷厄姆·柯林斯（Graham P. Collins）
翻译：王俊

I NTRODUCTION

奥地利研究人员先用一个电磁势阱将8个钙离子排成一行，再用激光束使它们处于一个特殊的量子态，即所谓的W纠缠态。在这种状态下，8个钙离子被巧妙地关联在一起。这种状态在量子计算机的纠错方案中是有用的。

为了能建造一台可以利用量子力学的奇特优越性进行运算的计算机，物理学家们正在对多个全新的技术展开研究，包括超导装置、基于光子的系统、量子点（quantum dots）、自旋电子学（spintronics）及分子核磁共振（nuclear magnetic resonance of molecules）。然而，在最近几个月，从事原子离子俘获的研究小组向人们展示了几个具有里程碑意义的成果，这使得其他几项技术有了紧迫的竞争压力。

量子计算机操纵的是量子位，而不是普通的比特（bit）。一个量子位可以不只是0或者1，也可以是二者的叠加。在这种状态下，0态和1态的部分被组合为单一的状态。

多量子重叠（multiqubit superposition）中的一个重要类型就是纠缠态。在这种状况下，每个量子位的状态都通过一种奇妙的方式与伙伴的状态相联系。这一联系被爱因斯坦称为"鬼魅似的远距作用"。例如，当对一个所谓的"薛定谔猫"（Schrödinger's cat）的状态进行测量时，所有的量子位都将给出

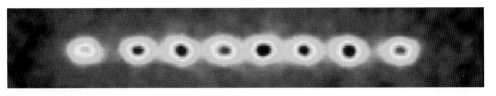

纠缠：维持在一个势阱中的8个钙离子处在一种特殊的量子态下，即所谓的W纠缠态。在这种状态中，它们的状态被巧妙地关联在一起。这种状态在量子计算机的纠错方案中是有用的。随着粒子数的增加，纠缠态的实现和维持会变得越来越困难。

相同的结果——0或者1，尽管结果到底是0还是1是完全随机的。"薛定谔猫"这个名词来自于一个著名的思想实验，其中0和1分别对应于猫的死与活，单独的量子位就是猫身体中的粒子。

猫态（cat state）是量子位纠错技术的基石。由于量子位的状态实在是太脆弱了，它的出错不可避免地给所有实现量子计算的标准途径带来了麻烦。

位于美国科罗拉多州博尔德市的美国国家标准与技术研究院的研究人员，在戴维·瓦恩兰（David J. Wineland）和迪特里希·莱布弗里德（Dietrich Leibfried）的领导下，已经实现了包括4～6个铍离子的猫态。他们先用一个电磁势阱将离子在真空中排成一行，再通过激光来操纵它们的状态。研究小组估计，他们的6离子猫态维持了约150微秒。

在奥地利，因斯布鲁克大学的雷纳·布拉特（Rainer Blatt）和哈特姆特·海夫纳（Hartmut Haeffner）及其同事也依靠一种类似的技术，实现了一个由8个钙离子构成的纠缠态。这一实验实现的是一个"W态"（W state），而不是一个猫态。W态在很多方面要比猫态更加稳定。例如，当一个离子从一个W态中跑掉之后，剩下的离子仍然处在一个W态中。而从一个猫态中跑掉一个离子就会破坏掉整个状态。

两个实验的一个共同的重点在于，原则上，这些技术都可以组合大量的离子。不过，将这些方法扩大规模的一大障碍就是：纠缠态的质量会随着离子数的增加而下降。为了降低出错的概率，科学家们可以对激光脉冲进行细致的调整，用不同的离子状态来代表0和1，或者再结合采用另一种不同的离子。

对于一台实用的量子计算机来说，它不仅要能实现特殊的量子位态，而且要在维持其量子特性的条件下对它进行操作。也就是说，必须能在计算机上进行量子运算。在克里斯托弗·门罗（Christopher Monroe）和凯西－安妮·布里克曼（Kathy-Anne Brickman）的领导下，美国密歇根大学安阿伯分校的一个研究小组已经在一个由两个被束缚住的镉离子组成的系统中，实现了一种被称为格罗弗量子搜索（Grover's quantum search）的算法。

搜索算法在一个条目随机排列的数据库中搜索。查找一个特定的项目时，通常需要逐项搜索。量子搜索算法则快得不可思议，因为量子计算机可以在一个叠加状态下，同时对数据库中所有的条目进行搜索。数据库越大，这种加速就越引人注目。例如，100万条目的数据库，只需要进行约1,000次量子查找，而不是整整100万次。

安阿伯分校的实验是在对一个相当于有4个条目的数据库进行操作。4个条目由2个量子位来表示。研究人员表示，他们的系统可以进行扩大，以包含更多的量子位。

正如门罗所说："很多人都感到，在建造大规模量子计算机的征途中，离子阱（ion trap，用来俘获离子的电磁势阱）远远地走在了其他技术的前面。"这些成果的大量涌现毋庸置疑地说明了这一点。

规模扩大

原子离子实验通常采用特别设计的庞大电磁势阱（electromagnetic trap）把离子约束在真空中。这虽然适合于包含少量离子的实验，但对于使用量子计算机这样的大规模系统来说，却是非常不现实的。如今，密歇根大学安阿伯分校的研究人员克里斯托弗·门罗、丹尼尔·斯蒂克（Daniel Stick）及其合作者向人们展示了一种集成在半导体晶片上，仅有100微米大小的离子阱。他们用这块晶片俘获了单个镉离子，并通过电极上施加的电信号使它在势阱（trap）中移动到不同的位置。这个势阱是采用标准半导体平版印刷工艺制成的，因此，门罗表示，利用现有的技术可以将它扩展到拥有成百上千个电极。

量子照明提升成像精度

撰文：蔡宙（Charles Q. Choi）

翻译：Kingsmagic

INTRODUCTION

闪光灯闪过之后，从被拍摄物体反射回来的光和从其他物体反射回来的光都是成像信号，会使照片变得不清晰；如果闪光灯发出的是纠缠光子，照相机就能通过反射光子与机器内对应的纠缠光子配对，轻松地过滤掉干扰信息。

"鬼魅似的远距作用"是爱因斯坦对量子纠缠概念的著名描述。处于纠缠态的物体能相互关联，无论相隔多远都可以瞬间影响对方。现在，一些科学家提出，这种"鬼魅似的作用"甚至能"阴魂不散"——即便物体之间的关联被破坏，它仍能发挥作用。

量子纠缠是量子计算和量子编码的基础。在此类研究中，物理学家一般借助成对光子进行实验。理论上，无论光子对中的两个光子相隔多远，测量其中一个立即会对另一个产生影响。目前，光子相隔距离的最远记录是144千米：一个光子在西班牙加那利群岛的拉帕尔马岛，另一个则在特内里费岛。

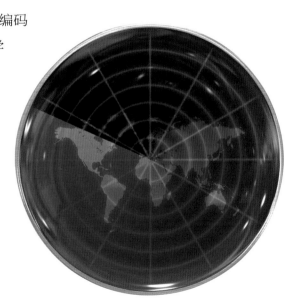

在实际操作中，纠缠是一种极端复杂的情况。背景干扰随时会破坏纠缠态，这是量子计算的一大障碍，因为量子计算只能在纠缠态下进行。美国麻省理工学院的量子物理学家塞斯·罗伊德（Seth Lloyd）破天荒地指出，纠缠的"记忆"能逃过被破坏的命运。他用艾米莉·勃朗特（Emily Bronte）的小说《呼啸山庄》（*Wuthering Heights*）里的人物来描述这种效应：凯瑟琳的鬼魂可以通过阴间的一束闪光，与她心爱的量子希斯克利夫交流。

灯光准备，镜头准备……纠缠！理论上，如果闪光设备发出的是纠缠光子，照相机拍出的照片的清晰度将显著提升。

发现这一现象时，罗伊德正在研究如果把纠缠光子用作光源，会发生什么情况。我们可以推测，纠缠光子将有助于成像：普通照相机发出闪光后，会利用从被拍摄物体反射回来的光子成像，但其他物体也会反射光子，让照相机误认为这些光子也是成像信号，结果使照片变得不清晰；如果闪光灯发出的是纠缠光子，照相机就能通过反射光子与机器内对应的纠缠光子配对，轻松地过滤掉干扰信息。

由于纠缠态非常脆弱，罗伊德并没有指望量子照明能派上用场。但他回忆说，因为渴望获得美国国防部高级研究项目局"噪声环境下传感器成像项目"的资助，他决定"硬着头皮做下去"。令罗伊德感到惊讶的是，他在评估量子照明的可行性时发现，这种技术不仅可行，而且"要想完全发挥量子照明的优势，就必须破坏所有的纠缠"。

罗伊德承认，这个发现让他感到费解。其实不只是他，美国西北大学的量子物理学家普雷姆·库玛（Prem Kumar）在看到罗伊德的评估之前，对量子照明的优势也持怀疑态度。库玛说："大家都想弄明白这是为什么。如果纠缠已不存在，但你又能从纠缠中获益，那就该理论学家出场，去考虑这些收益是由纠缠带来的，还是另有其他因素在起作用。"

罗伊德的意见或许是一种可能的解释：尽管从技术上来说，光子之间的纠缠已完全消失，但纠缠的某些痕迹也许保持到测量后才消失。他说："你可以将这些光子想象成不同状态的混合体，其中大部分状态都不再纠缠，但某一个或某几个状态仍保持纠缠，正是这几个状态起到了关键作用。"

罗伊德认为，如果量子照明技术可行，就可以使雷达、X射线成像系统、光通信和显微技术的灵敏度提升100多万倍。此外，利用该技术还可以制造更为隐蔽的军用监视设备，这些设备只需要很微弱的信号就能正常运行，因此，可以轻松逃避敌人的搜查。2008年9月12日，《科学》杂志刊登了罗伊德及其同事关于量子照明的理论文章。后来他们又以这篇文章为基础，在《物理评论快报》上发表文章，详细阐述了量子照明的可能应用。

不过，要在实验中证实量子照明效应难度并不小。在整个实验中，最容易的部分是制造纠缠光子：让一束光线穿过特制的下变频晶体（downconverting crystal，相当于分光器），产生两束相互独立的关联光线，其中一束用于照射物体，另一束作为参考光线。当两束光线反向通过下变频晶体时，便会重新合并，而其中相互纠缠的光子更容易结合在一起，即上变频。但要证实量子照明可提升成像精度，就必须使用微弱光信号——难题就出在这里：因为从技术上来说，制造能使微弱光线以高效率发生上变频的材料是一个巨大的挑战。尽管如此，罗伊德仍预言，相关实验可能在2009年年内开展。

库玛认为，除了能提高成像精度以外，量子照明或许还有助于量子计算和量子编码研究，

"量子世界复杂而诡异，但量子照明效应的发现说明，这个世界的每个角落无时无刻不隐藏着惊奇"。

上变频、下变频

上变频：将具有一定频率的输入信号，改换成具有更高频率的输出信号（通常不改变信号的信息内容和调制方式）的过程。在超外差式接收机中，如果经过混频后得到的中频信号比原始信号高，那么此种混频方式就叫作上变频。

下变频：将具有一定频率的输入信号，改换成具有更低频率的输出信号（通常不改变信号的信息内容和调制方式）的过程。在超外差式接收机中，如果经过混频后得到的中频信号比原始信号低，那么此种混频方式就叫作下变频。

话题八

问世间，时空为何物？

时间和空间到底是什么？一千多年来，人们一直苦苦追问。在量子力学和牛顿模型中，时间是事件发生的背景，不受事件影响而且独立于空间；但在爱因斯坦的引力理论中，时间是一个维度，与空间交织在一起合并为四维时空。几十年来，物理学家们使尽浑身解数，要把量子力学跟引力理论结合在一起，在这方面，弦理论一直走在前列。但弦理论认为，至少需要10个维度才能建立使引力和量子力学相互兼容的理论框架，而经验告诉我们，时空只有四维……

时间为什么有箭头？

撰文：斯科特·多德（Scott Dodd）
翻译：Kingmagic

I NTRODUCTION

从表面上看起来，时间很平凡，就像一条单行道，但从物理的观点来看，过去、现在和将来都是同时发生的。针对这个明显与事实矛盾的问题，物理学家们提出了不计其数的解释，但是没有一个解释能让人满意。

弦理论

弦理论的一个基本观点是，自然界的基本单元不是电子、光子、中微子和夸克之类的粒子，这些看起来像粒子的东西实际上都是很小很小的弦的闭合圈（称为闭合弦或闭弦），闭弦的不同振动和运动就产生出各种不同的基本粒子。弦理论是现在最有希望将自然界的基本粒子和四种相互作用力统一起来的理论。

"Emoclew dna olleh."2007年10月，在纽约科学院召开的一场学术会议上，美国哥伦比亚大学的弦理论专家布莱恩·格林（Brian Greene）以此作为开幕词。接着，他解释说："如果你明白这是在倒着说'Hello and welcome.'（你好，欢迎），大概你就没必要出席这场会议了。"

但是，场内众多世界顶尖理论物理学家和宇宙学家没有一个人离开。他们聚集一堂，就是为了挑战时间的奥秘。望远镜观测的新结果和关于量子引力的新看法让他们相信，是时候重新检验时间本身了。美国麻省理工学院的宇宙学家马克斯·特格马克（Max Tegmark）说："我们已经用其他更难回答的问题，解答了有关时间的经典问题。"

从表面上看起来，时间很平凡，就像一条单行道：打散的鸡蛋不会恢复原样，眼角的鱼尾纹不会自动消失（如果你没有注射肉毒杆菌除皱的话），你的祖父祖母也永远不会比你年轻。但是宇宙的基本定则似乎都表现出时间对称性，这意味着它们不受时间流向的影响。从物理学的观点来看，过去、现在和将来都是同时发生的。

针对这个明显与事实矛盾的问题，过去一个多世纪里，物理学家已经提出了不计其数的解释，从心理学（时间流动是个幻觉）到物理学（量子力学的一些未知特性可以调和这一矛盾），应有尽有。但是，没有一个解释能让人满意。1927年，天体物理学家阿瑟·爱丁顿爵士（Sir Arthur Eddington）将时间的单向性凝练成一个术语——"时间箭头"（time's arrow），并把它和熵联系起来：随着宇宙越来越老，它会遵从热力学第二定律，变得越来越无序。

但科学家们无法解释，为什么有序存在于过去，而无序出现在未来。这个解释似乎很难捉摸，甚至有人认为，把时间箭头与熵联系起来干扰了其他更加"认真"的研究。物理学家理查德·费曼（Richard Feynman）在1963年参加一次会议时，甚至拒绝对"时间箭头是他的功劳"这一说法做出任何评论，并且坚持让自己在会议记录上用"X先生"的名字出现。

"这个问题介于科学与哲学之间，许多人在这个'交叉领域'中会感觉浑身不自在。"美国北卡罗来纳大学查珀尔希尔分校的物理学家、2007年"时间大会"协办者劳拉·梅尔西尼–霍顿（Laura Mersini-Houghton）说，"过去20年来，这一领域几乎没有取得进展，因为没有什么新东西好说。"

现在，得益于更强大的观天利器，上述情况有所改观。宇宙微波背景辐射作为大爆炸的遗迹，显示了宇宙创生38万年后的情景：早期宇宙充斥着炽热气体，它们均匀分布、高度有序。在经历了暴胀（inflation）之后，有序的早期宇宙才变成今天我们所熟悉的、由恒星和原子构成的无序宇宙。

不过，早期宇宙为什么如此有序（物理学家认为这种状态极不合理）？是什么原因让宇宙如此快速膨胀？这些问题仍然令人迷惑。美国加州理工学院的宇宙学家肖恩·卡罗尔（Sean Carroll）说："如果打破砂锅问到底的话，时间箭头就等于在问，为什么早期宇宙会是那个样子？"更复杂的是，宇宙目前正在经历另一个膨胀过程，由于神秘暗能量的作用，宇宙中的星系正以越来越快的速度相互远离。"宇宙似乎会永远膨胀下去，变得越来越冷，与早期宇宙的状态差异也就显得更为惊人。"卡罗尔补充道。

就像梅尔西尼－霍顿说的那样，她和同事将这一领域最出色的一些头脑召集在一起，是因为"我们不能继续把这个问题像灰尘一样扫到地毯下面藏着，希望它会被其他什么东西解决掉"。与会的都是杰出的物理学家，如格林、特格马克、加拿大安大略省圆周理论物理研究所的李·斯莫林（Lee Smolin）、美国亚利桑那州立大学的保罗·戴维斯（Paul Davies）和美国加利福尼亚大学戴维斯分校的安德烈亚斯·阿尔布雷克特（Andreas Albrecht）。他们从弦理论、黑洞方程和多重宇宙理论出发，提出了各种可能的解释。

在众多对早期宇宙为何如此整洁的理论解释之中，"多重宇宙"的概念最受欢迎，至少被提及的次数最多。梅尔西尼－霍顿说："如果能够接受我们生活的宇宙只是众多可能的平行宇宙的其中之一，多重宇宙就是最为合理的解释。"那些一开始就更加混乱的宇宙，也许无法维持或演化到足以产生智慧生命的地步。因此，从这个意义上来讲，时间的单向流动，甚至包括我们自身的存在，都只是一个巧合而已。

一些与会者说，理解时间的本质对于回答其他基本问题至关重要，如奇点（singularity）中心发生了什么、宇宙膨胀会不会发生逆转导致宇宙坍缩等。随着宇宙学观测数据的不断累积，物理学家做出的有关时间本质和早期宇宙的预言很快就可以通过新的观测予以检验。梅尔西尼－霍顿说："我们现在能够观测到比以前多得多的东西，也就是说，（在理解时间本质方面）我们可以更加大胆一些。"一切只是一个时间问题而已。

我们身处十维空间?

撰文: 马克·阿尔珀特 (Mark Alpert)

翻译: Steed

I NTRODUCTION

弦理论认为,至少需要10个维度才能建立使引力和量子力学相互兼容的理论框架,宇宙中所有的普通粒子都被局限在一个四维的膜宇宙中,只有几种特殊粒子可以从膜空间中穿进穿出。费米实验室的观察结果与这一预言十分接近。

中微子可算是粒子物理中的一个异类——既不带电荷,也很少与其他粒子相互作用。它们可以分为三类——电子中微子、

μ中微子和τ中微子，而且在传播过程中，会疯狂地在不同类的中微子之间振荡变换。过去五年来，美国费米国家加速器实验室（位于伊利诺伊州巴达维亚市）的研究人员，一直在向迷你增强型中微子实验（MiniBooNE）探测器发射μ中微子束，看看到底有多少粒子在飞行途中转变成了电子中微子。MiniBooNE探测器是一个巨大的球形水箱，其中装有满满800吨矿物油，用来探测电子中微子。2007年4月，研究人员公布了首批结果，基本上与粒子物理标准模型吻合。不过，数据中也存在一个无法解释的异常现象，它或许打开了一扇通向更奇异的物理世界的大门。科学家推测，导致这一异常现象的原因在于，世界上还存在另一种全新的中微子，它能穿越弦理论所预言的额外维度，走出一条捷径。

科学家开展此项研究的动机，源于美国洛斯阿拉莫斯国家实验室在20世纪90年代进行的一项实验。在那项实验中，科学家找到了第四类中微子——惰性中微子（sterile neutrino）存在的证据。这种假定存在的粒子比其他三类普通中微子更加诡异，因为它不像其他中微子那样受到弱核力（weak nuclear force）的作用，只能通过引力与其他物质发生相互作用。惰性中微子的存在将直接挑战粒子物理标准模型的正确性，因此，研究人员迫切渴望实施另一项类似的实验，来证实或者推翻这一发现。不过，MiniBooNE实验的结果却是一个大杂烩。对于能量范围为4.75亿～30亿电子伏特的中微子而言，发生中微子振荡的数目与标

一位研究人员正在检查光电倍增管，MiniBooNE探测器就是用这种光电倍增管来探测中微子与其他粒子发生相互作用时发出的闪光的。

准模型的预言精确吻合；而在能量较低的区域，研究人员发现电子中微子的数目明显偏多。

更奇怪的是，三位物理学家已经预料到了这一结果。他们的研究工作是弦理论的副产品。弦理论确信，至少需要10个维度才能建立一个理论框架，让引力与量子力学相互兼容。为了解释为什么我们无法感知到额外的维度，弦理论科学家假定，宇宙中所有的普通粒子也许都被局限在一个四维的膜宇宙（brane）中，而膜宇宙又飘浮在一个更高维度的体宇宙（bulk）里，就像一片巨大的捕蝇纸悬浮在空中一样。不过，几种特殊的粒子可以从膜空间中穿入穿出，其中最出众的就是引力子（graviton，传播引力的粒子）和惰性中微子。2005年，美国亚拉巴马大学的海因里希·帕斯（Heinrich Pas）、夏威夷大学的桑迪普·帕克瓦萨（Sandip Pakvasa）和范德比尔特大学的托马斯·魏勒（Thomas J. Weiler）提出，如果膜空间是弯曲的，或者在微观上受到了扭曲，那么惰性中微子就会从体空间中的捷径中穿过。这些捷径可以影响中微子振荡，在特定的能量范围内增加某一种转变的发生概率。

MiniBooNE的实验结果与帕斯、帕克瓦萨和魏勒的预言十分接近。一些参与实验的研究人员因为两者如此相似而震惊，甚至给三位理论物理学家发去电子邮件表示祝贺。

MiniBooNE小组的新闻发言人比尔·路易斯（Bill Louis）在邮件中写道："你们的模型看上去与我们在低能端观察到的电子中微子数量偏多的现象十分吻合，这确实令人吃惊！"科学家此前从未在实验中找到过弦理论的证据，因此，证实额外维度的存在确实是一件了不起的突破。

也有物理学家谨慎地指出，这种相似性也许不过是一场离奇的巧合。MiniBooNE的研究人员正在重新审视他们的结果，以确定背景效应或分析失误会不会影响他们对电子中微子的计数。与此同时，帕斯和他的同事也在进一步修正他们的理论。帕斯承认："我们的理论粗看上去有一点儿投机取巧。不过，我认为，仔细探讨一种可能的解释，看看它能否被证实，这也是绝对必要的。"

抓捕额外维度的旅行者

撰文：马克·阿尔珀特（Mark Alpert）
翻译：Kingmagic

I NTRODUCTION

我们熟悉的维度是四维，包括三维空间和一维时间。如果能探测到四维之外的额外维度，那肯定是物理学史上惊天动地的发现。目前，美国费米实验室正在设计一项新的实验，以抓捕从额外维度上跳进跳出的粒子。

我们熟悉的维度为四维，包括三维空间和一维时间，如果探测到四维之外的额外维度，那肯定是物理学史上惊天动地的发现。现在，美国费米国家加速器实验室（位于伊利诺伊州巴达维亚）的科学家正在设计一项新的实验，能够对那些可以证明额外维度确实存在的诱人迹象详加探查。

费米实验室有一个名叫"迷你增强型中微子实验"（MiniBooNE）的研究项目，专门检测一类难以捉摸的亚原子粒子——中微子。2007年，参与该项目的科学家声称，他们在实验中发现了令人惊奇的异常现象。中微子质量极小，不携带电荷，通常在核反应及粒子衰变的过程中产生。中微子可以分成三类，在粒子物理学中称为三"味"，分别是电子中微子、

μ子中微子和τ子中微子。在传播的过程中，中微子会在三"味"中激烈地来回振荡。在观测由费米实验室的一台粒子加速器产生的μ子中微子束流时，MiniBooNE的研究人员发现：在能量低于4.75亿电子伏特的低能范围内，μ子中微子转变成电子中微子的数目大大超过人们的预期。在对数据进行了一年的分析之后，这些研究人员没能给这种所谓的"低能过量"现象找到一个正统的解释。这一神秘现象将人们的关注点引向了一个饶有趣味的非正统假设——也许有第四种中微子在额外维度上跳进跳出。

弦理论学家一向致力于将量子力学与引力理论统一起来，他们早就预言了额外维度的存在。一些物理学家已经提出，或许宇宙中几乎所有的粒子都被约束在一张四维的

"膜"上，这张膜镶嵌在一个十维的"块"中。不过，有一种被称为惰性中微子的假想粒子只能通过引力与其他粒子发生相互作用，它们能够取道额外维度上的捷径在这张膜上穿进穿出。2005年，现任职于德国多特蒙德大学的海因里希·帕斯（Heinrich Pas）、美国夏威夷大学的桑迪普·帕克瓦萨（Sandip Pakvasa）和范德比尔特大学的托马斯·魏勒（Thomas J. Weiler）预言，惰性中微子的额外维度之旅能够增加低能范围内中微子的振荡概率，这正是MiniBooNE在两年之后得到的实验结果。

有望发现物理学新规律的前景大大鼓舞了MiniBooNE研究组，他们很快提出了名为"微观增强型中微子实验"（MicroBooNE）的后续实验构想，以便对惰性中微子假设进行检验。构想中的新探测器是一个装有170吨液态氩的低温大罐，它对低能粒子的探测将比前任探测器更准确。在中微子相互作用中涌现的粒子能电离所经路径上的氩原子，从而在放置于大罐内壁的金属线圈阵列中激发感应电流。科学家可以据此探明粒子的运动轨迹，从而更好地将中微子相互作用与其他事件区分开来，进而确定低能范围内是否真的存在数量超出预期的振荡。

MicroBooNE预计花费1,500万美元，将被建造在费米实验室MiniBooNE探测器附近，以便两者能够观测同一束中微子束流。2008年6月，费米实验室物理专业委员会已批准该项目进入设计阶段；如果一切进展顺利，探测器最快将于两年后投入运行。研究人员希望MicroBooNE能对后继的更大型探测器起到抛砖引玉的作用。那些更大型探测器将能容纳数10万吨液态氩，储液罐将像体育场一样巨大。这样的装置还能搜寻其他假想现象，如极为罕见的质子衰变。耶鲁大学物理学家、MicroBooNE项目发言人邦尼·弗莱明（Bonnie Fleming）说："这是一项了不起的新技术，将对物理学跨入下一个阶段起到至关重要的作用。"

中微子捕手邦尼·弗莱明和米歇尔·索德伯格（Mitchell Soderberg）正在检查氩中微子探测器（ArgoNeuT），这是液态氩探测器的原型机，将为费米实验室的MicroBooNE项目铺平道路。

宇宙是一堆三角形?

撰文: 马克·阿尔珀特 (Mark Alpert)
翻译: 陈益飞

INTRODUCTION

在对引力和量子力学统一理论的追寻和探索中,弦理论一直走在前列,然而,这一理论无法用弦生成时空本身。"因果性动力学三角剖分"理论可以解决这一难题。不过,该理论尚未得到理论物理学家的认可,因为对计算机的依赖太重。

请想象一个由大量微观三角形结构组成的场景,这些三角形不停翻滚,排列组合成全新的模式。从远处看,这个场景中的一切表面似乎都很光滑;但是近距离观察就会发现,其中的一大堆几何图案不停地搅动成各种奇形怪状的结构。这个看起来非常简单的模型,就是一种所谓"因果性动力学三角剖分"(causal dynamical triangulation,CDT)理论的核心,它有望解决长期困扰物理学的那个最重要的问题——统一引力和量子力学。

二十多年来,在对引力和量

圈量子引力理论

圈量子引力理论是由阿贝·阿希提卡（Ahbay Ashtekar）、李·斯莫林（Lee Smolin）、卡洛·洛华利（Carlo Rovelli）等发展出来的量子引力理论，与弦理论并列被列为目前为止将引力论量子化的最成功的理论。

圈量子引力理论的主要物理设想都以广义相对论和量子力学为基础，而不附加任何额外的结构。作为一个数学上严格不依赖于背景的理论框架，它成功地贯彻了广义相对论的本质思想，导出了时空的不连续性，与物质场的耦合给出了不发散的结果，并且提供了研究量子黑洞物理和量子宇宙学的严格的理论框架。由于所触及问题的根本性和复杂性，这一领域的研究依然有待取得更大的进展。

子力学统一理论的追寻和探索中，弦理论一直走在前列，它假设基本粒子和基本力都是微小的能量弦。但是一些科学家声称：这一理论具有误导性，因为它将弦置于一个固定的背景之中；一个好的模型不仅应该产生粒子和相应的作用力，还应该生成供它们活动的舞台——时空本身。在20世纪八九十年代，这些研究人员发展出圈量子引力理论（loop quantum gravity，LQG），将时空描述成只有10^{-33}厘米大小的微小体积元构成的网络。尽管这一理论已经取得了一些重要成果，如预言了黑洞的某些性质，但它还没有通过一个最基本的检验——证明这些杂乱的体积元组合在一起，一定能够产生我们日常生活所熟悉的四维时空。

CDT 理论只有不到十年的历史，但它已经扫清了这个障碍。CDT理论主要由三位欧洲理论物理学家提出，他们分别是荷兰乌得勒支大学的雷娜特·洛尔（Renate Loll）、丹麦哥本哈根大学的扬·安比约恩（Jan Ambjorn）和波兰加格罗林大学的耶日·尤尔凯维奇（Jerzy Jurkiewicz）。CDT用一些简单的三角形结构来构造

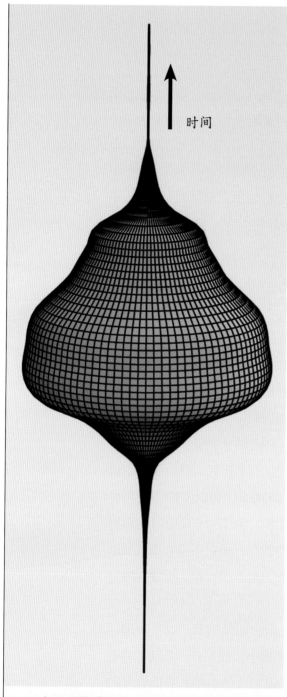

时间

由因果性动力学三角剖分理论创造的宇宙模型可以再现标准宇宙学理论的一些特征，如空间随着时间的变化而膨胀和收缩。

时空几何，就像巴克敏斯特·富勒（Buckminster Fuller，美国著名建筑师，以设计巨型穹顶而闻名于世）用三角形表面构建穹顶一样。CDT中最基本的建筑单元是四维单形（4-simplex），相当于一个四面体，只是位于四维空间之中。就像一个四面体拥有四个三角形表面一样，一个四维单形的"表面"由五个四面体构成。虽然每个单形在几何上都是平坦的，但它们可以通过多种方式黏合起来，产生弯曲时空。量子理论要求，时空结构在极小的尺度上必须不停地变化，因此，研究人员对单形所能产生的构造进行统计分析，将所有可能性综合在一起来确定整体的几何结构。

以前，研究人员也用这种方式对宇宙的几何结构进行过三角剖分，得到的结果都毫无意义：推导出来的宇宙要么拥有无穷维数，时空全都收缩在一起；要么只有二维，卷曲成了一个圆筒。CDT理论的关键在于，它排除了那些破坏因果律的结构（指允许结果先于原因出现的那些排列模式）。将这些不真实的构造从模型中剔除之后，CDT终于取得了成功。2004年，洛尔、安比约恩和尤尔凯维奇通过计算机模拟证明，用成千上万个单形构建起来的宇宙模型的确是四维的。最近，这些研究人员还在计算机中演示，他们宇宙模型中的大尺度形状与标准宇宙学理论的预言一致。

CDT理论的下一步工作，则是把物质引入这一模型，看看它是否能够模拟出完整的广义相对论方程。圈量子引力理论的倡导者之一、加拿大圆周理论物理研究所（位于安大略省滑铁卢市）的李·斯莫林（Lee Smolin）认为，这一理论最终也许能够得到一些可供检验的预言，如这种模型小尺度上的非经典几何结构会导致高能光子运动速度上的细微变化。斯莫林说，CDT理论目前还没有得到理论物理学家应有的重视，也许是因为这种方法还严重依赖于计算机模拟。"这个课题并不容易。"他说，"依靠纸和笔推算出结果是非常困难的。"

奇异的小尺度

CDT理论生成的宇宙模型，拥有一个最不可思议的特性——时空的维数取决于你把时空切分成多小。在大尺度上，CDT时空是四维的，但是在所谓的普朗克尺度，也就是10^{-33}厘米的量级上，高度弯曲的非经典几何结构整合起来，就会产生一个只有二维的时空。CDT的宇宙就像一件粗线毛衣，较大的蜘蛛可以在衣服的二维表面上爬行，但微小的螨虫只能在一维的毛线上爬行。

"民间科学家"的万物至理

撰文：格雷厄姆·柯林斯（Graham P. Collins）

翻译：Kingmagic

I NTRODUCTION

一位游离于学术圈外的物理学博士突发奇想，提出了一个与弦理论相抗衡的"万物至理"。从表面上看，这个理论像是一个惊天大发现，但经过仔细的检验之后就会发现，这一理论存在一些严重的缺陷。

《冲浪小子用万物至理镇住了物理学家》，这是2007年11月某期《每日电讯报》（*Daily Telegraph*）上的大字标题。这个故事迅速传开，很快就街知巷闻，连我的牙医都开始向我打听。物理学博客圈里贴满了评论，先是声讨或支持这个理论，后来又声讨或支持这场讨论的基调。现在，喧闹和挖苦都已沉寂下去，正统物理学界普遍认为，用不了多久，这个理论就会被人淡忘。英国牛津大学数学家马库斯·杜索托伊（Marcus du Sautoy）在2008年1月的某期《每日电讯报》上撰文表示："利希希望利用E8理论创造一个能够描述客观实在的统一模型。遗憾的是，经过调研之后，我们一致认为，他的愿望不太可能实现。"当然，并不是每个人都同意这个观点。

提出E8理论的加勒特·利希（A. Garrett Lisi）就是那个备受争议的冲浪小子，冲浪、滑雪和思考物理学构成了他的全部生活。他曾在美国加利福尼亚大学圣迭戈分校获得物理学博士学位，不过，从那以后他就跳出了学术圈。在引起媒体关注的几个月前，他在一些学术会议或特邀研讨会上提出了自己的想法。从一开始，他就机敏地表示，自己的理论正确的可能性很小，但他认为弦理论（目前科学家最青睐的主流理论）成功的可能性更小。

从表面上看，这个理论像是一个惊天大发现。它的基础是一个名为E8的非凡数学结构。E8拥有248个维度，是5个被称为"例外型单李代数群"（exceptional simple Lie group）的奇异结构中最

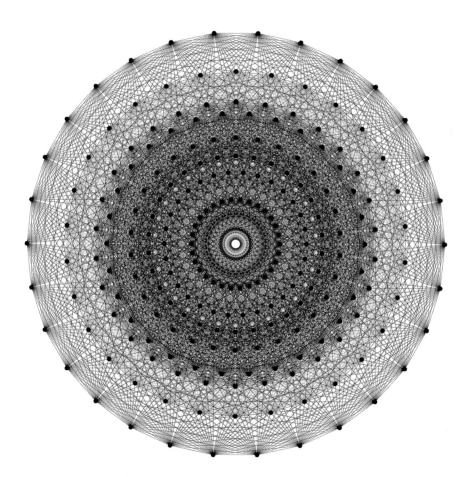

李代数群E8描述了这个八维格子框架的对称性（图中显示的是框架在二维平面上的投影），也许还能描述物理学的终极理论——万物至理。

大、最复杂、最漂亮的一个数学结构。［利希的论文题目为《一个格外简单的万物至理》（An Exceptionally Simple Theory of Everything），其中的"格外简单"就有双关之意。］尽管E8维数众多，但这个理论能够描述的物理宇宙却只包含我们熟悉的四维时空，而不像弦理论那样有10或11个维度。

在利希提出他的理论之前，E8就在物理学中出现过，特别是在弦理论之中。利希的想法最早可以追溯到20世纪

60年代初，物理学家默里·盖尔曼（Murray Gell-Mann）注意到，当时已知的亚原子粒子大家族可以整理划分成若干模式，它们与另一个更基础的李代数群SU（3）的特征一一对应。盖尔曼发现其中一个模式缺少了一个对应粒子，于是预言：应该存在一个拥有对应性质的粒子来填补这一空缺。很快，实验物理学家就找到了这个粒子。

今天，粒子物理标准模型把所有已知的基本粒子全都归入了这些模式（又叫"表示"）之中，但是为了描述这些粒子为什么可以

通过三种基本力（电磁力和强、弱核力）发生相互作用，还需要综合考虑三种李代数群。利希的灵感在于：他发现，包括相互作用在内的所有粒子都可以放入E8的一个表示之中，只留下少数空位没有粒子与之对应。这个过程绝不是把粒子随手放进一个好看的图形这么简单，粒子的若干性质（如所带电荷）必须与这种表示的相关特征完美吻合。不仅如此，这些模式还包含了传递第四种基本作用的粒子，把引力也纳入到体系之中。因此，利希在论文标题中乐观地使用了"万物至理"（theory of everything）一词。

但是，在经过更加仔细的检验之后，人们发现，这一理论存在一些严重的缺陷。其中

之一就是，该理论将费米子（物质粒子）和玻色子（传递相互作用的粒子）统一起来，但所用的方法乍看起来存在根本性的矛盾。包括弦理论在内的各种"超对称"（supersymmetric）理论也将费米子和玻色子统一了起来，但是它们都有详尽的数学基础，E8则无法提供这样的数学基础。换句话说，如果真用这个新理论来描述费米子和玻色子，那么放置这两类粒子的结构就根本不可能是一个李代数群。

利希分辩说，他套用了一个名为BRST理论的"数学技巧"，这在弦理论和量子场论中已有确定的形式。在BRST理论中，一些费米子和玻色子会表现出与本来的性质截然相反的另一面（因此被称为"鬼场"）。不过，在通常的BRST理论中，"鬼场"不能表现为任何可以探测的物理粒子，因此，它们如何能够如此自洽地融入E8理论，目前尚不清楚。

关于利希理论的价值，持续时间最长的公开辩论，大概是在美国得克萨斯大学奥斯汀分校的雅克·迪斯特勒（Jacques Distler）和加拿大安大略省圆周理论物理研究所的李·斯莫林（Lee Smolin）之间展开的，后者对该理论的"赞誉之词"曾被媒体广泛引用（斯莫林说，他的话被断章取义了）。斯莫林很快写了一篇论文，对E8理论中的某些缺陷提出了改进方法。为了让E8理论中的粒子恰当地对应已知粒子，目前描述粒子物理标准模型的几个较小李代数群的组合必须以正确的方式被包含到E8之中。迪斯特勒已经在他的博客上证明，这在数学上是不可能做到的。照他的看法，这个理论已经寿终正寝，而且不值得去复活它。然而，迪斯特勒证明过程的细节还存有广泛争议，最后辩论双方都不肯让步。顺带说明一下，利希本人几乎没有参与这场辩论。

目前，这个理论虽然未被完全抛弃，但是已被大部分人忽视。利希当然在继续研究他的理论，斯莫林也没有放弃。利希表示，就算迪斯特勒的证明是正确的，针对的也只是他在论文一开始提出那种E8变体（"实E8"），该理论用到的另一个变体（"复E8"）肯定行得通。斯莫林认为，媒体的炒作给大家留下了一个错误印象，认为利希的理论已经大功告成。他说："实际上，任何一个新理论在刚被提出时都是有缺陷而且不完整的，都存在一些需要修补的漏洞……尽管利希的理论已经引起轰动，但它也必须经历这一阶段。"

E8：格外复杂

加勒特·利希想用数学中名为E8的李代数群描述物理学中的"万物至理"。尽管这种做法存在争议，但是最近对E8群的其他一些研究，却被形容为"攀上了数学界的珠穆朗玛峰"。德国数学家威廉·基林（Wilhelm Killing）在将近120年前，首次用数学公式描述了E8群，但是直到2007年1月，一组数学家才成功绘制了第一张详尽的E8内部结构图。这张结构图其实是一个行列数超过45万的整数表格，需要超级计算机运算77个小时才能完成，储存它需要60GB的磁盘空间。相比之下，人体细胞所含的所有遗传信息加在一起，也只能填满3GB的磁盘空间。

法国里昂大学的福科·迪克卢（Fokko du Cloux）花了3年多的时间，编写了计算这张结构图的程序。他因患肌萎缩侧索硬化症去世，只差2个月就能亲眼看到他的计划成功完成。

剥离时空

撰文: 泽亚·梅拉利 (Zeeya Merali)
翻译: 庞玮

INTRODUCTION

　　在量子力学中，时间是绝对的，任万物在以它为背景的舞台上狂舞而不为所动；但在爱因斯坦的引力理论中，时间是一个维度，与空间交织在一起。一位物理学家认为，要使引力理论和量子力学相调和，解决之道就是剥离时空。

　　会不会牛顿是对的，而爱因斯坦错了？如果把时间和空间结构割裂开来，倒退回19世纪的时间观念，似乎有可能得出一种量子引力理论。

　　几十年来，物理学家们一直使尽浑身解数，要把量子力学跟引力结合在一起。反观自然界中其他几种基本力，都已被纳入了量子力学体系，如电磁力就能在量子力学的框架里用光子的运动来描述。但如果尝试将两个物体之间的引力转换成量子引力，你很快就会陷入困境，因为所有的计算结果都是无穷大。不过，现在，美国加利福尼亚大学伯克利分校的物理学家彼得·霍扎瓦 (Petr Hořava) 认为，他已经把这个问题琢磨透了。在他看来，所有这些都只是一个时间问题。

　　细说起来，问题出在爱因斯坦的引力理论上。在他的广义相对论中，时间和空间被绑在了一起。众所周知，牛顿认为时间是绝对的，作为万物运转的背景而均匀流逝着；爱因斯坦颠覆了牛顿的时间观念，认为时间是一个维度，与三维空间交织在一起，构成了具有可塑性、会被物质扭曲的时空结构。麻烦就出在这里，因为量子力学中的时间仍像牛顿时间那样超然离群，任物质在以它为背景的舞台上狂舞而不为所动。很明显，这两种时间观念相互对立。

霍扎瓦的解决之道是快刀斩乱麻，让时间和空间分开。这需要很高的能量，只有在早期宇宙中才有可能实现，而早期宇宙恰恰受到量子引力的管辖。霍扎瓦说："我打算退回到牛顿的观念——时间和空间并不对等。"他接着解释说，随着能量的降低，广义相对论会从这个理论框架中浮现出来，时空也再度交织成一体。

霍扎瓦将广义相对论的浮现类比为一些特殊的物质相变，就像低温下液氦的性质会发生突变，变成没有摩擦的

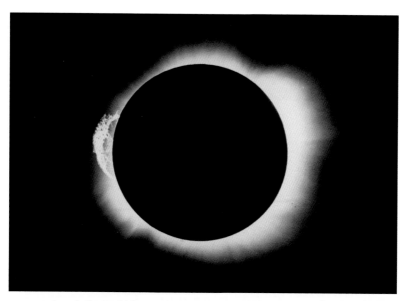

对日食的观测验证了爱因斯坦的引力透镜效应和他的时空观念。但一种新的量子引力论又把时间和空间分开，产生出许多令人兴奋的结果。

超流体。实际上，他在构建自己的引力理论时，正是借用了描述那些特殊相变的数学框架。从目前来看，这一理论还是可行的：困扰量子引力的无穷大被消除了，理论可导出一个常规引力子，而且看上去跟一些量子引力的数值模拟也能吻合起来。

2009年1月，霍扎瓦提出了上述理论，随即在学术界引起轰动。11月，加拿大安大略省滑铁卢市圆周理论物理研究所举办了一次会议，让物理学家聚在一起讨论这一理论。确切地说，物理学家是要检验它能否正确描述我们今天看到的宇宙。这一点非常重要，当年，爱因斯坦的广义相对论正是因为更精确地预言了水星的运动，才把牛顿的引力理论一拳击倒。

霍扎瓦的引力理论能否取得同样的胜利？第一个举手发言的人很谨慎地表示说"可以"。他叫弗朗西斯科·洛沃（Francisco Lobo），现在任职于葡萄牙里斯本大学。他和同事发现霍扎瓦的理论与行星的运动符合得很好。

也有人从霍扎瓦的引力理论出发，提出了更加大胆的推论，特别是解释那些大爆炸奇点之类的、让所有物理学定律全部失效的宇宙学难题。在2009年8月发表于《物理评论D卷》（*Physical Review D*）上的一篇论文中，加拿大麦吉尔大学的宇宙学家罗伯特·布兰登贝格尔（Robert Brandenberger）指出，如果霍扎瓦的理论是正确的，宇宙大爆炸就根本不曾发生过，宇宙只是在反弹。他说："充满物质的宇宙会收缩到一个很小但有限的体积，然后再反弹回来，形成我们看到的、正在膨胀的宇宙。"布兰登贝格尔的计算表明，这种反弹产生的涟漪与卫星探测到的宇宙微波背景辐射吻合。现在他正在寻找能够把反弹和大爆炸这两种宇宙模型区

分开来的标志。

日本东京大学的宇宙学家向山信治（Shinji Mukohyama）认为，霍扎瓦的引力或许还能制造出"暗物质幻象"。2009年9月，他在《物理评论D卷》上发表了一篇论文。在论文中他解释说，在一定条件下，霍扎瓦的引力在与普通物质相互作用时会发生涨落，使得他的引力比广义相对论引力更强一点儿。由此产生的效果是，当我们用广义相对论来解释观测数据时，就会发现星系包含的质量似乎比可见物质要多——这就是暗物质的由来。

仿佛以上这些还不够轰动一样，韩国国立全北大学的宇宙学家朴武仁（Mu-In Park）相信，霍扎瓦的引力或许还是宇宙加速膨胀的"幕后黑手"。现有理论将加速膨胀归咎于一种神秘的暗能量，一种主流解释是，加速膨胀来源于某种真空固有的、将宇宙向外推挤的能量。按照朴武仁的说法，这种固有的能量在广义相对论中无迹可寻，在霍扎瓦的引力方程中却是一个自然的结果。

不过，霍扎瓦的理论远非完美。瑞士联邦理工学院洛桑分校的量子引力专家迭戈·布拉斯（Diego Blas）找到了该理论的一处"软肋"。在复核对太阳系的计算时，布拉斯发现，大多数物理学家检验的都是理想模型，如假设地球和太阳都是完美球体。他解释说："我们检验的是一种更真实的模型，即太阳基本上是一个球体，但并不完美。"广义相对论对两种模型给出的预言基本一致，霍扎瓦理论给出的结果却大相径庭。

布拉斯与瑞士联邦理工学院的谢尔盖·西比里亚科夫（Sergei M. Sibiryakov）、日内瓦欧洲核子研究中心（CERN）的奥里奥尔·皮若拉斯（Oriol Pujolas）合作，重新调整了霍扎瓦引力的表述方式，使它能够与广义相对论相容。2009年9月，西比里亚科夫在法国塔卢瓦尔的一次会议上介绍了他们的模型。

霍扎瓦对他们的改动表示欢迎。他说："我提出这个理论时并未声称它就是最终结果，我希望大家来检验并改进它。"

欧洲核子研究中心的量子引力专家吉亚·德瓦利（Gia Dvali）对这个理论仍持审慎态度。几年前，他曾尝试过类似的技巧，试图将时间和空间分开以解释暗能量。他发现自己的模型允许信息超光速传递，因此，最终不得不放弃。

"我的直觉告诉我，这类模型都有不妙的副作用。"德瓦利说，"但如果他们找到了一个没有副作用的模型，那绝对值得认真对待。"

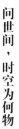
两大物理理论的命运交织

撰文：乔治·马瑟（George Musser）
翻译：庞玮

INTRODUCTION

20世纪60年代末，英国物理学家罗杰·彭罗斯为一统物理学而缔造了扭量理论，他认为时间和空间只不过是次级结构，它们产生于更深层次的物理实体。在沉寂了半个世纪之后，这一理论因为能和弦理论相互取长补短而喜获新生。

20世纪60年代末，英国剑桥大学声名显赫的数学家和物理学家罗杰·彭罗斯（Roger Penrose）想出了一个前所未有的新点子，来发展物理学中的大统一理论。他没有去解释粒子在时空中如何运动和相互作用，而是提出时间和空间本身就是一种次级结构，产生于更深层次的物理实体。这就是彭罗斯口中的扭量理论（twistor theory），但它从未得到广泛认可，该理论的少数支持者也饱受概念问题的困扰。与很多试图一统物理学的想法一样，扭量理论很快便被遗忘。

2003年10月，彭罗斯路过美国

新泽西州的普林斯顿高等研究院，顺便拜访了爱德华·威滕（Edward Witten）。威滕是弦理论领域的领军人物，弦理论则是今天统一物理学的主流方法。彭罗斯曾批评弦理论是"狂热的泡沫"，他本来以为威滕会反唇相讥，没想到，威滕却想和他讨论那个早已被人遗忘的想法——扭量理论。

几个月后，威滕发表了一篇长达97页的论文，将扭量和弦理论联系在一起，让扭量理论重获新生，给最严厉的弦理论批评者都留下了深刻印象。过去几年，理论物理学家在威滕的基础上，开始重新思考究竟何谓空间、何谓时间。他们已经发展出一些计算方法，将普通粒子物理学中的大难题变得简单化。弦理论专家尼玛·阿卡尼-哈姆德（Nima Arkani-Hamed）说："在我的物理学生涯中，我从未像现在这样激动过。"最近，阿卡尼-哈姆德从哈佛大学转投普林斯顿高等研究院，以便全身心地投入这个新兴领域。"目前，一个由15位世界各国科学家组成的团队不舍昼夜地进行着相关研究，使得这个领域正以惊人的速度向前发展。"他说。

在威滕发表论文之前，扭量研究者和弦理论专家井水不犯河水，双方根本没有共同语言。彭罗斯及其同事因为研究爱因斯坦的广义相对论而威名赫赫，弦理论学家则把自己划分到粒子物理学门下。据美国哈佛大学的莱昂内尔·梅森（Lionel Mason）回忆，1987年，他和彭罗斯一起访问美国锡拉丘兹大学时，有意没去参加一场弦理论研讨会。事后看来，这场研讨会可能会提供一些他们需要的线索。梅森说："我们才不会去参加粒子物理学的研讨会，我们是搞相对论的！"

彭罗斯最初的目的是，重新考虑如何用量子原理描述时间和空间。传统观点认为，在量子尺度上，时空几何会发生涨落，改变事件之间的依存关系。但这样一来，本应导致另一事件的事件将不再像原来那样发展，即改变了事件的因果顺序，以致产生常见于穿越故事的矛盾现象。而在扭量理论中，因果顺序是首要的，不会发生扭量把粒子描述成光线的一种扭曲模式。很多物理学家认为，扭量或许代表了比空间和时间层次更深的物理实体。

涨落（"扭量理论"这个名称源于，在这个理论中，一个自旋粒子周围的因果关系看起来是扭曲的，如上图所示），但事件发生的时间和地点会发生涨落。但扭量研究者无法准确描述这个概念，直到弦理论专家指出，一个在时间和地点上任意变化的事件不是别的，正是一根弦。

在弦理论专家这边，他们提出了一个很诱人的想法，能创造出新的维度，但这个想法却总是无法实现。1997年，一些弦理论专家推测，四维空间中不停振荡的粒子就像是五维空间中相互作用的一根根弦。新的维度会像折叠立体书中的图像一样冒出来。不过，这个猜想只能产生一个高度卷曲的空间维度。现在，利用扭量概念，理论物理学家已经弄清楚了所有的空间维度，甚至时间维度，是怎样冒出来的。

很多理论物理学家认为，"时空是衍生出来的"这一点非常自然。英国牛津大学的安德鲁·霍奇斯（Andrew Hodges）指出，我们不能直接感知时空的存在，只能通过接收到的信息，推断出事件是在特定地点、特定时刻发生的。因此，他认为："将时空点作为主要客体的观念纯粹是一种人为推测。"实际上，由于存在时空的引力弯曲和量子粒子间"鬼魅般"的超距作用，明确的位置和时间概念早就已经崩溃了。

无论能否重塑时空，扭量研究者和弦理论专家都让粒子物理学家喜欢上了自己。即使很简单的粒子碰撞，进行计算所需的方程式都涉及几万个项。利用著名物理学家理查德·费曼（Richard Feynman）在1940年发明的图示法，粒子物理学家可以把这些项全部写出来。最终，几乎所有的项都会相互抵消，但麻烦在于，事先无法确定哪些项会抵消，所以得一项项地去"啃"。现在，受扭量和弦理论的启发，粒子物理学家找到了一种新的计算方式，引入了被费曼图示法忽视的对称性，从根本上减轻了数学计算的负担。数学奇才也曾束手无策的计算，如今只需几个星期便可搞定，难怪加利福尼亚大学洛杉矶分校的泽维·伯恩（Zvi Bern）说："我敢打赌，费曼看到这些也一定会乐开花。"

目前，这个时空衍生理论仍未完善，并且涉及非常复杂的数学计算，即便是直接参与研究的物理学家也承认，很难弄明白该理论是怎么回事。理论物理学家还必须解释，如果时空纯粹是衍生出来的，那它看上去为何会如此真实。在某种程度上，时空衍生的过程必然类似于生命从无生命物质中诞生的过程。不论这个过程是什么，它都不可能只发生在亚原子尺度上，因为尺度本身也必然是一个衍生概念。这个过程应该会发生在所有尺度上，出现在我们周围的所有地方，只要我们知道如何去观察它。

霍金对阵上帝

撰文：达维德·卡斯泰尔韦基（Davide Castelvecchi）

翻译：庞玮

INTRODUCTION

最近，霍金因在一本新出版的书中出言不慎而激怒了神学家，以致他不得不和合著者一起在脱口秀节目上澄清自己没有用科学论证否定上帝的存在。不过，霍金还是坚持认为，科学不需要造物主就能解释宇宙。

斯蒂芬·霍金（Stephen Hawking）太过分了吗？这位英国物理学家与美国加州理工学院的莱昂纳德·蒙洛迪诺（Leonard Mlodinow）合著的新书《大设计》（*The Grand Design*）2010年9月刚一出版就遭到口诛笔伐，因为一些人认为，这本书试图用科学论证来否定上帝的存在。

《大设计》声称，现在物理学已经能够解释宇宙从何而来，自然规律何以如此。宇宙"自虚无中"借由引力而生，自然规律之所以如此则纯属巧合，只是因为我们刚好生活在宇宙的某一特定"切片"之中。两位作者还写道："纯粹在科学领域内回答这些问题是可能的，无须求助于任何神灵。"（《环球科学》2010年第11期《真实世界的"真实"》一文，就是霍金和蒙洛迪诺在这本书的基础上撰写的。）

神学家对此火冒三丈，表示造物主的存在根本就不在科学范畴之内。有一些神学家，如毗邻芝加哥的圣玛丽湖大学的神学教授罗伯特·巴伦（Robert E. Barron）牧师，还指责该书在哲学上不能自圆其说。他举例说，导致宇宙演变成今天这副模样的自然规律必定先于大爆炸而存在，"'引力定律'似乎不能算是'虚无'吧"。

随着争论很快从博客和微博上蔓延到黄金时间的电视节目中，两位作者回应说，他们从未有意声称科学证明过上帝并不存在。霍金对美国有线电视新闻网脱口秀节目主持人拉里·金（Larry King）说"上帝或许是存在的"，接着他又补充了一句，"但科学不需要造物主就能解释宇宙"。

"我们没有说我们证明了上帝不存在。"蒙洛迪诺说，"我们甚至没有说过，我们证明了上帝没有创造宇宙。"至于物理学定律，他说，人们可以选择称呼它们为上帝，"如果你认为上帝就是量子理论的化身，那也挺好"。

然而，科学界对宇宙起源的界定也并非如霍金所言已经大功告成。霍金的立论基础是弦理论，以及更加神秘却同样未经验证的所谓M理论，还有霍金本人的一些宇宙学观点。"霍金和蒙洛迪诺用作依据的这些理论，从实验证据的角度上来讲，跟上帝也差不了多少。"宇宙学家马塞洛·格莱泽（Marcelo Gleiser）在美国国家公共广播电台网站（npr.org）上的一篇博文中写道。不仅如此，格莱泽又加了一句："由于我们没有仪器能够对自然进行完整测量，我们可能永远都无法确定自己找到了终极

M理论

在理论物理中，M理论是弦理论的一种延展理论。M理论指出，描述完整的物理世界一共需要11个维度，其维度超过弦理论所需要的十维。支持者认为，M理论统合了所有五种弦理论，并成为终极的物理理论。

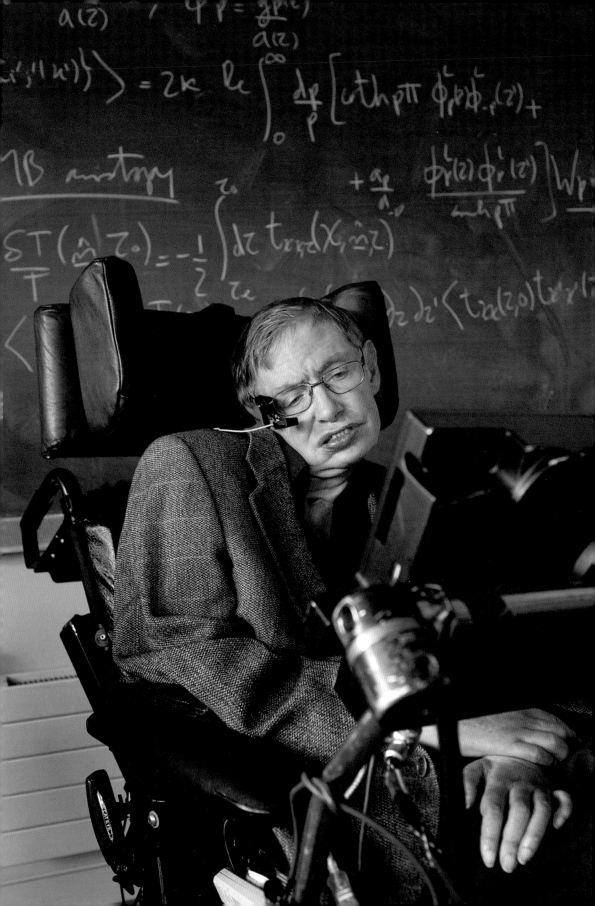

理论。"

美国斯坦福大学理论物理学家伦纳德·萨斯坎德
（Leonard Susskind）在2006年出版的《宇宙图景》（*The Cosmic Landscape*）一书中，也对是否需要造物主来解释宇宙创生提出了质疑。萨斯坎德认同格莱泽的说法："不是所有物理学家都认为对终极理论的探索已经完结了，我认为我们连边都还没摸着呢。"显然，无论是否存在这样一位上帝，解读天工造物都不是一件轻而易举的事。

话题九

找呀找呀找粒子

大型强子对撞机是现在世界上最大、能量最高的粒子加速器，能将质子加速到光速的99.9999991%，再让它们迎头相撞。2008年9月10日，大型强子对撞机正式开机运行，标志着以这种高能设备为中心的新粒子物理纪元的开始。物理学家们希望借由大型强子对撞机来帮助他们解答：被称为"上帝粒子"的希格斯粒子是否存在？如果存在，一共有多少种？是否存在超对称伙伴粒子？弦理论所预言的更高维度的空间存在吗？

追寻轴子的迷踪

撰文：格雷厄姆·柯林斯（Graham P. Collins）
翻译：Joy

I NTRODUCTION

轴子是一种尚未探测到的假想粒子，因为质量超低，所以很难被探测到。物理学家预言，从强磁场中经过的光子会有极少一部分转变为轴子。意大利研究人员看似找到了轴子存在的证据，但推算出的轴子质量与其他观测相矛盾。

挽救对称性

物理学家最初引入轴子，是为了解释强核力为什么会保持所谓的CP对称性，这种对称性与正反粒子的性质有关。利用粒子物理标准模型进行的计算表明，只有当一个特定的参数在理论上为零时，强核力才能保持CP对称，但量子效应总是使这个参数无法归零。1977年，海伦·奎因（Helen R. Quinn）和当时还在美国斯坦福大学的罗伯托·佩切伊（Roberto D. Peccei）证明，如果将这个参数改造成一个量子场，它的数值就能自然而然地归零。不过，这个新量子场会带来一个副作用，那就是一类新粒子（轴子）的存在。

轴子（axion）是一类古怪的东西，它们得名于一个洗衣粉品牌，最初是为了清除粒子物理中的一个问题而被引入的。宇宙大爆炸中产生的轴子可能正潜伏在我们周围，在暗物质之中占据了一席之地。宇宙中22%左右是神秘的暗物质。其他轴子则刚刚从太阳内部形成，可能正从我们身边流过。根据2006年3月发表的一篇论文，实验室制造的轴子可能已经在意大利的一个实验中现身了，这项实验名叫PVLAS（激光真空极化实验）。

轴子被认为是电中性的，拥

有超低的质量——还不到电子的10^{-6}。它们和其他粒子之间只能发生非常微弱的相互作用，因此，这种粒子很难被检测。不过，物理学家预言，从一个磁场中经过的任何光子都会有极少一部分转变为轴子，这就是理论预言太阳会制造轴子的原因。意大利的实验甚至在一束激光的行为方式中，找到了轴子存在的证据。这个实验在莱尼亚罗国家实验室中进行，由意大利国家核物理研究院（INFN）的里雅斯特分部的埃米利奥·扎瓦蒂尼（Emilio Zavattini）和乔万尼·康塔托尔（Giovanni Cantatore）领导。在从一个超强磁场中往返传播4.4万次之后，这束激光的偏振方向偏转了1×10^{-6}度。如果一些光子真的转变成不可见的轴子，或者更准确地说，转变成物理学家口中的类轴子粒子（axion-like particle），那么这样的偏转就刚好符合理论预期的结果。

根据这些数据，PVLAS小组推算了这种假定轴子的质量，以及它相互作用的强弱。不过，令人困惑的是，这些结果与其他观测相矛盾，并且跟天体物理中得出的限制条件不相符。特别是，欧洲粒子物理研究所的轴子太阳望远镜（CERN Axion Solar Telescope，CAST）曾在2003年进行了为期6个月的运行，但却没能检测到任何来自太阳的轴子。这个结果为轴子的质量和相互作用强度的可能取值设下了苛刻的范围，PVLAS测得的数值刚好落在这个范围以外。此外，如果轴子的相互作用真的像PVLAS表现的那样强烈，它们就会在恒星中被大量制造，使恒星的衰老速度大大超过我们现在的理解。

这样的顾虑"使人们接受PVLAS结果的门槛变得异常高"，美国佛罗里达大学和欧洲粒子物理研究所轴子专家皮埃尔·西基维耶（Pierre Sikivie）说。不过，他也补充说："这些人非常能干，他们已经对这个实验进行了长时间的研究。"据说，PVLAS的研究人员仔细地排除了可能混淆这个数据的其他效应。此外，在一项尚未公布的研究中，这个研究小组用另一种激光得出了一致的结果。一些理论学家也提出了一些方法，对PVLAS的结果与CAST的结果之间，以及与其他天体物理学设下的限制之间存在的矛盾进行调和。

只有进一步的实验才能判定真相。如果PVLAS的结果正确，那么被称为"光线穿墙"的实验就应该能使轴子原形毕露。这个实验是这样的：一束激

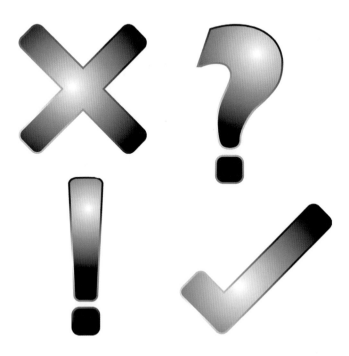

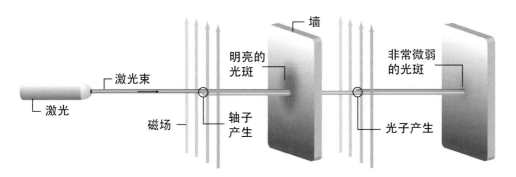

光束实验将能证实轴子的存在，它令一束激光穿过一个强磁场，将其中一些光子转变成轴子（绿线）。这些轴子可以穿墙而过，再从另一个磁场中经过。磁场将其中一些轴子再转变为光子，并在远处的墙壁上投下极其微弱的光斑。

光穿过一个强磁场，照射到一面不透明的墙上。光束中的一些光子被转变成轴子，可以穿墙而过。在墙的另一侧，另一个磁场将少量轴子变回光子，使它们能够被检测出来。这样一项利用巨大的强磁体和灵敏的光子探测器的实验，将在几分钟内令人信服地证实（或推翻）PVLAS的结果。包括PVLAS小组在内的一些研究团队，都在加速准备这项实验。几个月后，轴子要么成为基本粒子家庭中的一个确定的新成员，要么退回到物理学家最想通缉的粒子名单之上。

虚无缥缈找粒子

撰文：迈克尔·莫耶（Michael Moyer）
翻译：谢懿

I NTRODUCTION

惰性中微子不参加除引力外的任何相互作用，因此，很难被探测到。尽管天文学家和美国费米实验室的科学家似乎都找到了惰性中微子存在的证据，但是这些结果还需要进一步验证，惰性中微子仍属于一种假想粒子。

中微子是最著名的"害羞"粒子，可以穿透任何东西——包括你的身体、整个地球和专门用来捕捉它们的探测器——而不留痕迹。但是，跟目前仍属于假设的惰性中微子相比，普通中微子简直就像鞭炮一样吵闹了。惰性中微子甚至无法通过弱核力与普通物质发生相互作用，弱核力是连接中微子和日常世界的纽带。然而，最近新的实验已经发现了引人入胜的证据，惰性中微子不仅真实存在，而且很普遍。它们中的一些甚至有可能构成了已经困扰天文学家几十年的神秘暗物质。

物理学家还远没有准备好正式宣布如此戏剧性的发现，但这些结果"将会极为重要，如果它们被证明为正确的话"。美国加利福尼亚大学洛杉矶分校的亚历山大·库先科（Alexander Kusenko）如是说。

科学家是如何去寻找这些几乎无法被探测到的粒子的呢？库先科和美国航空航天局（NASA）戈达德航天中心的

迈克尔·勒文施泰因（Michael Loewenstein）推测，如果惰性中微子真是暗物质，它们就会偶尔衰变成普通物质，产生一个较轻的中微子和一个X射线光子；在发现有暗物质存在的地方去寻找这些X射线应该是明智的。他们利用钱德拉X射线天文台观测了一个被认为富含暗物质的近距矮星系，而且恰好在正确的波段上发现了一些有趣的X射线信号。

另一个证据来自于超新星。如果惰性中微子真的存在，超新星会沿着磁力线将它们喷出，形成一道紧凑的喷流，由此产生的反冲会把脉冲星推射出去，在宇宙中穿行。天文学家确实观测到了这种现象——脉冲星在宇宙中疾驰的速度可达每秒数千千米。

不过，天文学家不一定非得靠观测天空来寻找惰性中微子的证据。美国费米国家加速器实验室的科学家最近验证了16年前寻找惰性中微子首批证据的实验。费米实验室

的科学家隔着大地向500米外的一个探测器发射普通中微子。他们发现，在飞行过程中，许多中微子的"身份"发生了变化，而且变化方式与惰性中微子存在的情况如出一辙。

下一步就是要证实这些结果。最近勒文施泰因和库先科用牛顿X射线多镜面望远镜（XMM-Newton，另一台空间X射线望远镜）重复了他们的实验，费米实验室的科学家也已经在准备另一次实验了。这种最"害羞"的基本粒子或许藏不了多久了。

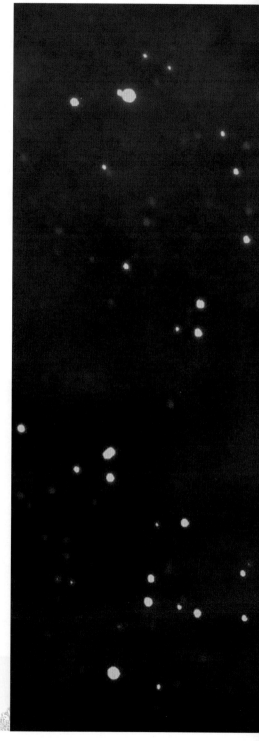

隐藏的证据：一些脉冲星提供了惰性中微子存在的证据，如这颗位于"吉他星云"一端的脉冲星。

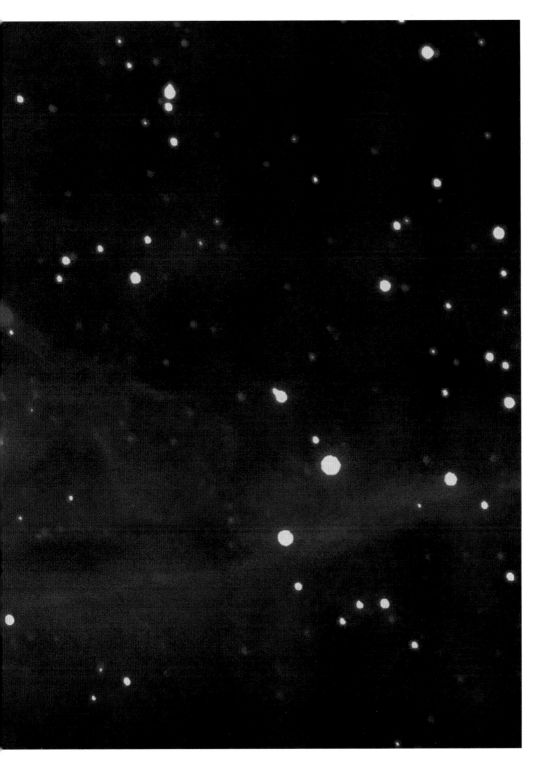

寻找希格斯粒子

撰文：亚历山大·埃勒曼（Alexander Hellemans）
翻译：王栋

INTRODUCTION

希格斯粒子是粒子物理标准模型预言的一种粒子，被称为"上帝粒子"。这种粒子始终没有被人类发现。目前，欧洲的大型强子对撞机和美国费米实验室的万亿电子伏特加速器正在展开竞赛，看谁能先找到这种粒子的行踪。

几个月后，世界上最大的加速器——大型强子对撞机（Large Hadron Collider，LHC）将在日内瓦附近的欧洲核子研究中心（CERN）开始运转。但在若干年内，它的风头很难盖过美国费

上帝粒子

粒子物理标准模型的建立是20世纪物理学的重大成就之一，能解释粒子如何通过电磁力、弱核力和强核力的相互作用组成宇宙中的物质。这种模型所预言的许多基本粒子已经被实验所发现并证实，然而，它的理论基石——希格斯粒子却始终没有被人发现。按照标准模型的假设，希格斯粒子是物质的质量之源，其他粒子在希格斯粒子构成的"海洋"中游弋，受到希格斯粒子的作用而产生惯性，这才拥有了质量。在这一基础之上，所有的粒子相互作用，统一于标准模型之下，构筑出大千世界。所以，上帝创造了万物，构建起万物质量的基石——希格斯粒子，也就被称为"上帝粒子"。

费米实验室的主注入环（近端）将经过加速的粒子送入万亿电子伏特对撞环（远端）。对撞环直径2,000米，位于10米深的地下。粒子的碰撞产生了独立的顶夸克。

米实验室（位于伊利诺伊州的巴达维亚市）的万亿电子伏特加速器（Tevatron）。因为在万亿电子伏特加速器上，人们似乎找到了独立的顶夸克——2006年12月，这一发现被公之于众。多年来，科学家一直在苦苦寻找希格斯粒子（Higgs particle），迄今一无所获。独立顶夸克的现身，有助于缩小希格斯粒子的搜索范围，有可能使费米实验室在这场"寻宝大赛"中占得先机。

1995年，费米实验室的科学家在正反质子的对撞中，首次发现了顶夸克，这是6种夸克中最重、最神秘的一种。

正反质子的对撞同时产生了顶夸克和它的反粒子——反顶夸克。正反顶夸克通过强核力结合在一起，形成正反顶夸克对。根据粒子物理的标准模型，顶夸克也有极小的概率在粒子碰撞中通过弱核力而产生。强核力可以将夸克束缚在一起，弱核力则会引发放射性衰变，还会使夸克从一种"味"变成另一种"味"。不过，这种由弱核力产生的顶夸克可以单独出现，而没有反顶夸克伴随左右（另一种不同的反夸克——反底夸克，会和顶夸克一起出现）。

独立的顶夸克不仅产量极少，特征也不够明显。美国加利福尼亚大学河滨分校的物理学家安·海因森（Ann Heinson）说："那些看起来很像是独立顶夸克的粒子信号，总是处于很强的本底噪声信号之中，让人难以分辨。"海因森是DZero研究小组的领导者之一，这个小组和另一个研究团队都在利用万亿电子伏特加速器寻找独立的顶夸克。

在2002年以来记录的上万亿次粒子对撞中，DZero小组目前已经识别出62例似乎有独立顶夸克出现的事件。尽管算不上确凿的证据，但这些数据仍然大大增强了这些研究人员的信心，他们希望击败欧洲核子研究中心的大型强子对撞机，用万亿电子伏特加速器率先捕捉到希格斯粒子。希格斯粒子是粒子物理标准模型预言的一种粒子，又被称为"上帝粒子"，它可以解释为什么质子、中子和其他

顶夸克的确认过程

在2002年以来的上万亿次碰撞中，费米实验室万亿电子伏特加速器的DZero研究小组发现了62例记录到独立顶夸克出现的事件。德国卡尔斯鲁厄大学的托马斯·米勒（Thomas Müller）说："数据必须经过至少两次，甚至三次反复确认，才能真正为科学研究所用。"他是费米实验室CDF研究组的成员，这个研究组也在万亿电子伏特加速器上寻找独立的顶夸克。DZero研究小组的成员安·海因森预计，不出一年，DZero研究小组就能够分析足够大量的数据，确凿无疑地辨别出一个独立顶夸克。

物质会拥有质量。

探测独立的顶夸克被视作利用万亿电子伏特加速器寻找希格斯粒子的一场预演。DZero希格斯物理研究组的另一位领导者、法国巴黎大学的格雷戈里奥·贝尔纳迪（Gregorio Bernardi）说："如果希格斯粒子拥有相对较小的质量，它的衰变特征就会与独立顶夸克类似——衰变成一个W粒子、一个底夸克和一个反底夸克。"这种相似性使该小组可以把探测独立顶夸克所用的先进分析技术应用于搜寻希格斯粒子。海因森补充说："对于独立顶夸克的本底信号（指影响测量的背景干扰信号），我们改进了分析与建模的方法，这些进步都可以直接套用到对希格斯粒子的探测上。"在本底噪声信号方面，万亿电子伏特加速器比大型强子对撞机更有优势。在万亿电子伏特加速器中，质子与反质子对撞，因此，它们的组成成分——夸克和反夸克也会直接相撞。而在大型强子对撞机中，质子与质子发生对撞。虽然夸克最终会与反夸克相撞，不过，这个反夸克出现在一片正反夸克对不断出现和消失的虚粒子海洋之中——这无疑增加了数据分析的难度。

虚粒子

在量子力学中指永远不能被直接检测到、但确实存在可测量效应的粒子。虚粒子不是为研究问题方便而人为引入的概念，而是一种客观存在。根据不确定性原理，时间和能量是一对共轭量，其中一个量被定义得越准确，另一个量就越不准确。也就是说，在真空中一个极短的时间内会出现极大的能量起伏，从这种能量起伏产生的粒子就是虚粒子。当能量恢复时，虚粒子湮灭。

从目前看来，万亿电子伏特加速器进展顺利。2007年1月，费米实验室碰撞探测器（Collider Detector at Fermilab，CDF）国际合作研究组宣布，他们将W粒子的质量限定在0.06%的误差范围以内，这是迄今测得的最好结果。对W粒子质量的最新测定，将希格斯粒子的质量上限从1,660亿电子伏特降到1,530亿电子伏特，因此，希格斯粒子的质量处于其质量下限1,140亿电子伏特附近的可能性有所增加。根据爱因斯坦的质能方程，能量等价于质量，因此，1亿电子伏特，就相当于1.79×10^{-28}千克。

CDF研究组成员、意大利帕多瓦大学的托马索·多里戈（Tommaso Dorigo）指出，如果希格斯粒子的质量接近1,140亿电子伏特，大型强子对撞机找到希格斯粒子的难度就会比万亿电子伏特加速器更大。大型强子对撞机需要探测由希格斯粒子衰变产生的两个γ光子，它们往往处于强烈的本底噪声信号中。而万亿电子伏特加速器要探测的则是，希格斯粒子衰变产生的底夸克和反底夸克，难度要小得多。

不过，费米实验室也许无法发现质量超过1,300亿电子伏特的希格斯粒子，因为万亿电子伏特加速器的对撞能量只有大型强子对撞机的1/7。欧洲核子研究中心的实验物理学家戴维·普拉内（David Plane）解释说，如果希格斯粒子真有这么重的话，大型强子对撞机很快就能找到它们。不过，普拉内也承认："在寻找较轻的希格斯粒子方面，万亿电子伏特加速器几乎是无可替代的，这一情况至少可以维持到2010年以后。"

碰撞粒子 一网打尽

撰文：达维德·卡斯泰尔韦基（Davide Castelvecchi）

翻译：Kingmagic

INTRODUCTION

大型强子对撞机的工作原理如下：先将中子等加速到接近光速，接着让它们在碰撞中碎裂，碰撞中的一部分能量会转变成重粒子，随后迅速衰变成各种其他粒子。科学家们希望通过这种方式找到已"通缉"了很久的希格斯粒子。

经历过2008年首次启动的失败，大型强子对撞机（LHC）终于在2009年10月开始了它的实验之旅。这个由欧洲核子研究中心（CERN）在日内瓦附近建造的宏伟工程是一台新一代原子粉碎机，它最终或许撞不出暗物质、迷你黑洞或其他奇形怪状的东西，但无论结果是什么，要将它们分辨出来都是一项极为艰巨的任务。一种目前尚存争议的数据处理方案也许能够助物理学家一臂之力，确保没有任何漏网之鱼。

无论是LHC，还是万亿电子伏特正负质子对撞机（Tevatron，又译为万亿电子伏特加速器）之类的其他加

LHC开机运行

2008年9月10日，第一批质子被导入LHC的环形隧道，宣告人类历史上最大规模的高能物理实验正式启动。LHC可以把质子加速到光速的99.9999991%，再让它们迎头相撞，使巨大的能量挤压在极小的空间范围内，以重现宇宙大爆炸最初几微秒的极端环境。科学家预计，LHC可能发现粒子物理标准模型的预言中尚未被发现的最后一种粒子——希格斯粒子，还有可能揭开宇宙中暗物质的本质，甚至找到四维空间以外还有其他维度存在的证据。

速器，都是先将质子或其他粒子加速到非常接近光速，接着让它们在碰撞中碎裂。多亏了爱因斯坦的质能方程$E=mc^2$，碰撞中的一部分能量会转变成罕见的重粒子，又几乎在产生的一瞬间衰变成数以百计更为常见的粒子（我们已经知道的常见粒子多达好几十种）。LHC上的巨大探测器能够记录这些粒子碎片的运动轨迹，并以相当于每秒刻满一张CD光盘的速度输出数据。

物理学家将在如此海量的数据中，搜寻重粒子衰变产物的特定组合，这是碰撞中产生过新粒子的线索。他们将寻找希格斯玻色子的踪迹，科学家认为这种被"通缉"了很久的粒子给其他所有粒子赋予了质量。他们还将寻找一类全新的粒子，能够让我们首次有机会窥探更高能标下的物理规律。

传统的数据搜寻方法类似于用计算机程序在文档中查找字母组合H-I-G-G-S，一些人担心这种方法会让我们错过一些前人没有预料到的新奇线索。多年来，费米实验室的布鲁斯·克努特森（Bruce Knuteson）和斯蒂芬·姆赖瑙（Stephen Mrenna）一直主张用一种更"整体"的方案来代替传统方法，他们称之为全局搜索。他们没有去寻找个别特殊信号，而是编写了一个计算机程序，来分析所有数据，并与粒子物理标准模型的预测进行比对。标准模型囊括了目前已知的所有粒子物理法则，因此，这个程序标出的任何偏离标准模型的

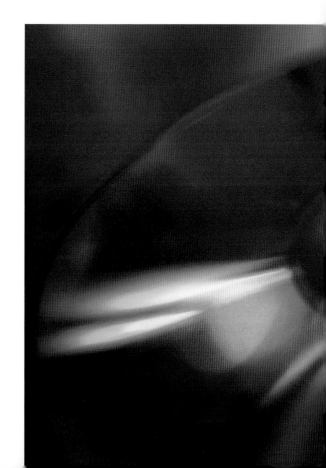

信号都可能暗示碰撞产生过新粒子。这就好比不是为了搜寻某个单词而在一大堆文本里查找，而是把其中出现的所有单词逐一拿来和手头的词典比对，标出那些看上去没有被词典收录的外来词汇。

有时，常见粒子的相互作用也会表现得比较奇特，很像有其他更有趣的粒子参与其中。为了减少这类事件引起的误报，物理学家可以在程序中设定一个阈值，只有当特殊事件出现的次数超过这个值时，程序才会提醒实验者可能发现了新粒子。“这么做是考虑到我们会在许多不同位置展开搜寻这一事实。”克努特森解释说。

克努特森、姆赖瑙和其他同事一起，对Tevatron取得的旧数据展开了全局搜索。理论上，这些数据中可能隐藏着常规搜索并未触及的异常粒子。这个研究小组没有发现任何具有统计学意义的异常现象，因此，他们没有公布任何新的发现。不过，这并不意味着徒劳无功，起码表明全局搜索不像某些物理学家所担心的那样会经常误报。现在已经淡出学术前沿的克努特森说，这些结果代表了迄今为止对标准模型的最严格检验。2009年1月的《物理评论D卷》公布了这些结果。

英国牛津大学的物理学家路易斯·莱昂斯

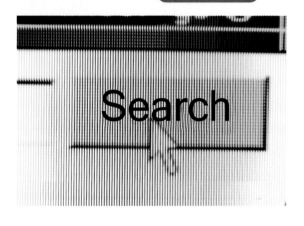

（Louis Lyons）认为，克努特森小组的统计结果是可靠的，不过加拿大多伦多大学的佩卡·西内尔沃（Pekka Sinervo）对此表示怀疑。这位参与过Tevatron和LHC实验项目的物理学家指出，"那些研究者不得不把许多目前仍知之甚少的效应'扫到地毯下面'，不对它们进行直接处理"，这意味着全局搜索本身就会产生大量难以解释的信号。尽管他不否认全局搜索可能有些用处，但不能用这种方法替代对个别特殊现象进行的有目的搜寻，他"不相信有谁能用这种方法在LHC上有任何初步的发现"。

"这种说法或许没错。"德国弗赖堡大学的物理学家萨沙·卡龙（Sascha Caron）评论说，"不过自从克努特森10年前首次提出这个概念以来，粒子物理学界的许多人都开始热心于全局搜索。"卡龙及其同事也开发出了他们自己的搜索软件，他们称之为通用搜索。这套搜索软件目前正在德国汉堡电子同步加速器（DESY）实验室的一个试验项目上运行，他们还计划将该软件用于LHC。

姆赖璐指出，对Tevatron数据进行全局搜索的经验能帮助物理学家理解如何来解释数据——例如，探测器如何跟不同的粒子发生作用。因为各个实验小组之间几乎不交流实验记录，所以他们对探测器反应机制所持的假设可能相互抵触。姆赖璐说："如果着眼于全局，那就一切皆有意义。"

成群结队的粒子

撰文：阿米尔·阿克塞尔（Amir D. Aczel）
翻译：庞玮

INTRODUCTION

　　尽管运行6个月后，大型强子对撞机在探测希格斯粒子上仍无建树，但一个有趣的现象引起了物理学家的注意——2个质子对撞通常会产生至少110个新粒子，科学家们发现这些产物粒子似乎都朝同一个方向飞射。这是什么原因？

　　位于日内瓦的大型强子对撞机（LHC）投入运行6个月之后，神秘的希格斯玻色子仍不见踪迹，有关暗物质起源和时空隐藏维度的探索也没有任何头绪。虽然在这些被寄予厚望的目标上LHC尚无建树，一个非常有趣的问题却在运行中浮现出来。2011年2月，假期停止运行的LHC重新启动，科学家会对此一探究竟。2010年夏天，物理学家发现，在LHC的质子对撞产物中，一些粒子的飞行轨迹似乎有某种协同性，就像一群阵形整齐的候鸟一般。LHC

紧凑型 μ 子螺旋磁谱仪

简称CMS，是欧洲核子研究中心建造的世界上能量最高（对撞能量达14万亿电子伏特）的大型强子对撞机（LHC）的一部分。LHC建造经费达25亿瑞士法郎（约相当于160亿元人民币），包括四个大型探测器：紧凑型 μ 子螺旋磁谱仪（CMS）、LHC超导环场探测器（ATLAS）、大型离子对撞机实验探测器（ALICE）和底夸克探测器（LHCb）。LHC旨在利用先进的超导磁铁和加速器技术，获得高能量和高性能束流，寻找理论上预言的希格斯玻色子、超对称伙伴粒子，和对顶夸克及底夸克进行系统研究。而其中CMS和ATLAS探测器的主要物理目标是寻找希格斯玻色子、研究CP破坏和超对称。

上两大常规实验设备之一CMS（Compact Muon Solenoid，紧凑型 μ 子螺旋磁谱仪）的发言人圭多·托内利（Guido Tonelli）称，这种现象极为反常，"在确认它并非假象之后，我们就一头扎进了这个问题中"。

LHC展示的现象非常微妙，2个质子对撞通常会产生至少110个新粒子，科学家发现这些产物粒子似乎都朝着同一方向飞射。美国麻省理工学院的弗兰克·维尔切克（Frank Wilczek）说，这样的高能质子对撞可能揭示出"质子内部新的深层结构"。另一种可能是，粒子内部具有比目前所知更为丰富的关联。

　　"以如此之高的能量碰撞，相当于我们在用前所未有的快门和分辨率给质子拍快照。"维尔切克这样解释LHC的作用。

　　根据维尔切克和同事提出的一个理论，在用LHC这么高的分辨率去看质子时，你会看到一团稠密的胶子（gluon）介质。胶子是一种无质量粒子，在质子和中子内部发挥作用，控制着夸克的行为方式——要知道，所有质子和中子都是由夸克构成的。"有可能是这样，"维尔切克说，"这团介质中的胶子通过相互作用彼此关联，而这些相互作用又在碰撞中被传递到了新粒子身上。"

　　质子是宇宙中最常见的粒子之一，科学家曾认为它的性质我们已经了如指掌。如果上述现象被LHC的其他物理学家证实，则无疑会成为关于质子的又一项惊人发现。

超对称理论"穷途末路"？

撰文：达维德·卡斯泰尔韦基（Davide Castelvecchi）

翻译：王栋

Ｉ NTRODUCTION

为了解答粒子物理标准模型无法解决的问题，理论物理学家提出超对称理论，让每一种费米子和玻色子各自拥有一个"超对称伙伴粒子"。大型强子对撞机应该具备制造超对称伙伴粒子的能力，然而，直到现在，科学家们依然一无所获。

作为能够描述基本粒子的完整理论"王国"，物理学家构想出的超对称理论迄今已有数十年历史了。它能完美解答目前粒子物理标准模型无法解决的谜题，如宇宙中的暗物质究竟是什么。然而，现在，有人对这一理论产生了怀疑，因为人类历史上最强大的对撞机——大型强子对撞机（LHC），至今没有发现任何可以揭示未知物理机制的新现象。尽管在LHC上进行的研究才刚刚起步，但一些理论物理学家仍忍不住要问：如果最终发现超对称根本不存在，物理学将何去何从？

"无论怎么找，我们就是什么也发现不了。这就意味着，我们没有发现任何与标准

模型相左的现象。"LHC超导环场探测器（A Toroidal LHC
Apparatus，ATLAS）的领军科学家、意大利国家核物理研究院帕
维亚分部的贾科莫·波莱塞洛（Giacomo Polesello）说。像高楼大
厦一样的ATLAS是LHC加速环上的两台通用探测器之一，由3,000
多位来自不同国家的研究人员建造并维护运行。而根据2012年3月
在意大利阿尔卑斯山举行的学术会议上公布的最新消息，另一台探
测器——紧凑型μ子螺旋磁谱仪同样没有任何发现。

　　20世纪60年代，理论物理学家提出了超对称理论，以期将自然
界中的两类基本粒子（费米子和玻色子）联系起来。粗浅地说，费
米子是物质的组成部分（电子就是一个典型例子），而玻色子是基
本作用力的携带者（如电磁相互作用中的光子）。超对称理论将为
每一种已知的玻色子配上一个重的费米"超对称伙伴粒子"（简称

"超伴子"）；而每一种已知的费米子也会有一个重的玻色超伴子。"这将是我们对这个世界做出终极理解的下一步，在那里，一切都是对称和完美的。"美国斯坦福直线加速器中心国家加速器实验室的理论物理学家迈克尔·佩斯金（Michael Peskin）解释说。

位于瑞士日内瓦附近的LHC是欧洲核子研究中心（CERN）的顶级对撞机，应该具备制造这类超伴子的能力。现在，LHC已经将撞击质子的能量从2011年的3.5万亿电子伏特提高到4万亿电子伏特。碰撞后，这一能量会分布到构成质子的夸克和胶子中，因此，碰撞能够制造出质量相当于1万亿电子伏特能量的新粒子。然而，虽然科学家赋予了它极高的期望值（而且能量值也不低），大自然却仍然拒绝合作，至少到目前为止是这样：LHC的物理学家一直在寻找新粒子的痕迹，却一无所获。如果超伴子确实存在，那么它们必定比许多物理学家预计的更重。"坦率地讲，"波莱塞洛说，"目前的情况是，我们已经推翻了很多简单模型。"他的同事——美国劳伦斯伯克利国家实验室的伊恩·辛奇利夫（Ian Hinchliffe）也附和道："看看已经被排除在外的质量范围和粒子种类，它们的数量已经相当可观了。"

大多数理论物理学家并没有因此而沮丧，"仍有一些颇为可行的途径可以用来构建超对称模型"，佩斯金说。"仅仅采集了一年的数据，就想看到新的物理学机制是不现实的。"CMS研究组的理论物理学家约瑟夫·利根（Joseph Lykken）评论道。

当初建立超对称模型的目的本来是为了解决一些难题，可是令其他一些人感到不安的是，要想解决这些难题，至少其中一些超伴子就不应该太重。例如，为了构成暗物质，它们的质量必须不超过零点几个万亿电子伏特。

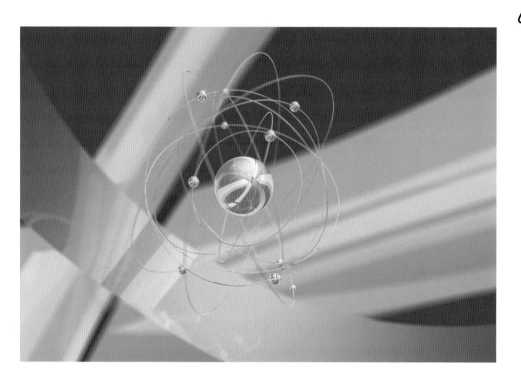

　　对大多数物理学家来说，希望超伴子能轻些的一个更重要的原因在于LHC的另一个主要目标——希格斯玻色子。根据设想，一切拥有质量的基本粒子都是通过与这种粒子的相互作用来获得质量的。此外，基本粒子同短暂存在的"虚粒子"晕之间的相互作用，对其质量也有次要贡献。在大多数情况下，标准模型里的对称性保证了这些虚粒子互相抵消，所以它们对质量的贡献有限。具有讽刺意味的是，希格斯粒子自己却是个例外。根据标准模型计算，会得到它的质量无穷大这样一个荒谬的结果。超伴子能够扩大互相抵消粒子的范围来解决这一谜题。根据2011年12月发表的初步结果，希格斯粒子的质量约为0.125万亿电子伏特，正好位于超对称理论预测的范围之中，但前提是，超伴子的质量要相当低。

　　如果最后证明，事实并非如此，那就要另寻解释。2011年，英国伦敦大学学院的理论物理学家布莱恩·林恩（Bryan Lynn）提出了一种解释：在标准模型中，此前没有给予重视的对称性可以保证希格斯粒子的质量有限。其他一些科学家认为，林恩的想法最多只能算是提供了部分解释，限制希格斯粒子质量的，肯定还有标准模型之外的其他重要物理机制——如果不是超对称理论，就应该是理论物理学家提出的其他理论中的一种。其中一个热门后备理论是：希格斯玻色子不是基本粒子，它也是由其他粒子构成的，就像质子是由夸克构成的一样。不幸的是，LHC还没有足够的数据来对该假说一辨真伪，CERN的克里斯托弗·格罗琴（Christophe Grojean）说。一些更玄乎的理论，如除了通常的三维之外，空间还拥有更多维度等，就不是LHC所能验证的了。

"目前，每一个理论都有问题，就我个人来说，无法告诉你哪个更好些。" CERN的另一位理论物理学家吉安·弗朗西斯科·格尤戴斯（Gian Francesco Giudice）评论道。

ATLAS和CMS还在继续收集数据，它们要么会发现超伴子，要么将排除更大范围的可能质量。虽然它们或许永远无法彻底否认超伴子的存在，但如果LHC最终还是没能发现这种粒子，超对称理论或许就会渐渐淡出人们的视野，即便那些最坚定的支持者也会对它失去兴趣。对于超对称理论，以及以此为基础而建立的大一统理论来说，那将是一次严重的打击。辛奇利夫说："我们将发现的最有趣的东西，会是所有人都没能预想到的。"

希格斯玻色子的意义

撰文：罗伯特·伽里斯托（Robert Garisto）
　　　阿布舍克·阿加瓦尔（Abhishek Agarwal）

翻译：王栋

INTRODUCTION

2012年7月4日，大型强子对撞机研究组宣布发现了一种新粒子，但目前尚不能确定这种新粒子就是粒子物理标准模型中的"上帝粒子"——希格斯粒子。新粒子与理论预言并不完全吻合，难道还有一些更深层的效应存在？

2012年7月4日，当欧洲核子研究中心（CERN）的大型强子对撞机（LHC）研究组宣布发现了一种新粒子时，他们并没有称之为"希格斯玻色子"。这并不仅仅是因为科学家们特有的谨慎，它还意味着，这一声明标志着一个意义深远的时刻的到来。我们抵达了一个长达数十年的理论、实验和技术"长征"的终点，而同时，这又是物理学新纪元的起点。

对这种粒子的探寻，始于英国爱丁堡大学物理学家彼得·希格斯（Peter Higgs）在1964年发表的一篇论文中的描述。在当时，描述所有已知基本粒子的理论（现称为粒子物理标准模型）才刚刚开始建立。标准模型提出了数百条可经实验证明的预言，并且在它出现后的几十年里，每次实验的结果都证明了其正确性。希格斯玻色子是标准模型这个"拼图"中缺失的最后一块，它能将现在所有已知的物质粒子（费米子）和传递力的粒子（玻色子）联系到一起。它为我们描绘了一幅亚原子世界如何运作的引人入胜的画面，但我们还不知道，这幅画是否仅仅是更为广阔的画面中的一部分。

零自旋场

指描述自旋为0的粒子运动规律的场。在量子力学中，自旋与质量、电荷一样，是粒子的内在属性。自旋为0的粒子从各个方向上看都一样，就像一个点；自旋为1的粒子在旋转360°后看起来一样。物理学家根据自旋大小将粒子分为两类：具有半整数自旋（如1/2、3/2等）的粒子被称为费米子（如电子）；具有整数自旋（如0、1等）的粒子被称为玻色子（如光子）。

标准模型部分基于电弱对称性，这种对称性将电磁力和弱核力统一了起来。然而，传递这两种力的粒子质量相差巨大，显示出对称性的破缺。这就需要理论物理学家们来解释这两种力之间为什么会存在如此大的差距。1964年，在《物理评论快报》上，分别由希格斯，弗朗克斯·恩格勒特（François Englert）和罗伯特·布劳特（Robert Brout），杰拉尔德·古拉尔尼克（Gerald Guralnik）、卡尔·哈根（Carl Hagen）和汤姆·基布尔（Tom Kibble）发表的三篇不同论文，向我们展示了一片无处不在的"量子海洋"。它被称为"零自旋场"（spin-0 field），能够解决对称性破缺的问题。希格斯提到，这片海洋中存在的波动对应着一种新粒子——一种后来以他的名字命名的玻色子。

作为标准模型的关键之钥，这种粒子或许是最难被发现的——它需要建造更大的对撞机来产生足够数量、足够高能量的碰撞。然而，即便完成了标准模型，也并没有解决粒子物理学的全部问题。实际上，希格斯粒子的发现或许指引了一条道路，让我们能抵达这一宏伟理论之外更为广阔的领域。

实验物理学家们仍需进一步确认这种新粒子的确是零自旋的

希格斯玻色子。下一步，他们必须以极高的精度测试希格斯粒子如何同其他粒子相互作用。直到撰写这篇报道时，它的耦合行为同理论预言还不是十分吻合，这或许只不过是统计波动，也可能是还有一些更深层效应存在的迹象。与此同时，实验物理学家们还需要继续测量记录数据，来看看是否有不止一种希格斯玻色子存在。

　　这些测量都很重要，因为理论物理学家们已经建立起许多假想模型，以将标准模型置入一个更广阔的物理框架中，而且这些假想模型中的许多都预言了多种希格斯粒子的存在，或同一般耦合行为的偏差。这些模型涉及额外的费米子和额外的玻色子，甚至空间的额外维度。最受关注的更大尺度的理论框架是超对称性，它假想每一种已知的费米子都有一个未被发现的伴随玻色子，每一种已知的玻色子都有一个未被发现的伴随费米子。如果超对称性正确的话，将存在不止一种希格斯玻色子，而是至少五种。所以，我们只是刚刚开始探索一个全新的领域。

图书在版编目（CIP）数据

霍金和上帝谁更牛 ／《环球科学》杂志社，外研社科学出版工作室编. ——
北京 ：外语教学与研究出版社，2013.8（2018.3 重印）
（《科学美国人》精选系列. 科学最前沿数理与化学篇）
ISBN 978-7-5135-3566-3

Ⅰ. ①霍… Ⅱ. ①环… ②外… Ⅲ. ①自然科学－普及读物 Ⅳ. ①N49

中国版本图书馆CIP数据核字（2013）第208832号

封面图片由达志影像提供

出 版 人	蔡剑峰
责任编辑	何 铭
封面设计	覃一彪
版式设计	水长流文化
出版发行	外语教学与研究出版社
社 址	北京市西三环北路19号（100089）
网 址	http://www.fltrp.com
印 刷	北京利丰雅高长城印刷有限公司
开 本	730×980 1/16
印 张	14
版 次	2013年9月第1版 2018年3月第2次印刷
书 号	ISBN 978-7-5135-3566-3
定 价	49.00元

购书咨询：（010）88819926 电子邮箱：club@fltrp.com
外研书店：https://waiyants.tmall.com
凡印刷、装订质量问题，请联系我社印制部
联系电话：（010）61207896 电子邮箱：zhijian@fltrp.com
凡侵权、盗版书籍线索，请联系我社法律事务部
举报电话：（010）88817519 电子邮箱：banquan@fltrp.com
法律顾问：立方律师事务所 刘旭东律师
　　　　　中咨律师事务所 殷 斌律师
物料号：235660001